山 东 省 精 品 课 程 实 验 教 材

高等学校数理类基础课程"十二五"规划教材

设计性物理实验教程

唐亚明　葛松华　杨清雷　主编

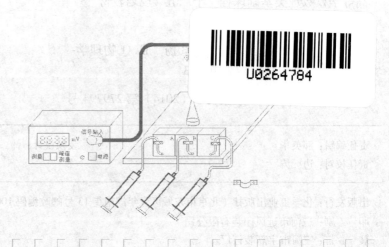

化学工业出版社

·北京·

本书根据教育部高等学校物理学与天文学教学指导委员会等编制的"理工科类大学物理实验课程教学基本要求"，结合编者所在学校的办学方向、特色专业和物理实验教学的实践经验编写而成。

本书编写时力争体现出设计性实验的特点，力求打破传统实验课程体系结构；注重以学生为主体，引导学生以研究的方式来做实验项目。全书由 30 个综合性、设计性实验组成，涵盖了力学、热学、光学、电子学和近代物理等的知识点。这些实验在强调物理学基础上融合了教师的科技成果，引入新技术，浓缩提炼成教学实验，从而加强了学生知识创新意识和科技创新能力的训练。

本书可作为普通高等学校理工科相关专业的综合设计性物理实验教材，也可供实验教师和实验技术人员参考。

图书在版编目（CIP）数据

设计性物理实验教程/ 唐亚明，葛松华，杨清雷主编. —北京：化学工业出版社，2015.1 （2018.7重印）
山东省精品课程实验教材
高等学校数理类基础课程"十二五"规划教材
ISBN 978-7-122-22412-5

Ⅰ.①设…　Ⅱ.①唐…②葛…③杨　Ⅲ.①物理学-实验-高等学校-教材　Ⅳ.①O4-33

中国版本图书馆 CIP 数据核字（2014）第 279794 号

责任编辑：郝英华　　　　　　　　　　装帧设计：韩　飞
责任校对：边　涛

出版发行：化学工业出版社（北京市东城区青年湖南街 13 号邮政编码 100011）
印　　刷：三河市延风印装有限公司
装　　订：三河市宇新装订厂
710mm×1000mm　1/16　印张9　字数166千字　　2018 年 7 月北京第 1 版第 3 次印刷

购书咨询：010-64518888（传真：010-64519686）　　售后服务：010-64518899
网　　址：http://www.cip.com.cn
凡购买本书，如有缺损质量问题，本社销售中心负责调换。

定　　价：19.00 元　　　　　　　　　　　　　　版权所有　违者必究

前 言

设计性物理实验的开设，可以进一步加强对学生实践性、应用性能力的培养，扩展学生的知识面，使之掌握物理学领域更多的实验技术手段；进一步提高学生动手能力，培养其认识、分析和解决实际问题的能力和创新精神。也可以说设计性物理实验是大学物理实验课程的延伸，目的是向学生介绍更多实验内容。

长期以来，基础物理实验的教学形式、内容、方法都显得单一和陈旧。实验内容基本限于验证性和测量性的，缺乏由学生自己设计的带有研究性的内容。学生只要根据教材按部就班地在实验室已安排好的仪器设备上进行测量和记录，并进行适当的数据处理，就能得出结果，完成实验。这种千篇一律的实验内容和方式在一定程度上限制了学生的主动性和积极性，难以激发他们独立思考的兴趣和激情，没有从失败中自己寻找成功之路的经历，因而不利于创新人才的培养。

设计性物理实验是以具有物理实验技术以及工程技术特色为主的综合、设计实验，试图通过实验教学的平台，将物理在现代工程技术中的应用加以提炼和浓缩，重在展现现代工程测量和仪器设备的物理原理、特点和性能，并且体现先进性、综合性和应用性。学生将在做设计性物理实验过程中，学习物理实验技术的思想、方法的应用。本实验教程涉及广泛的应用技术，实验内容涵盖力学、声学、热学、电磁学、光学等各个领域。

显然，对于工科院校开设这种实验训练，在时间安排、内容选择上还有许多值得探讨、完善的地方。笔者所在学校物理实验中心近几年是这样进行的：在一学年的第二学期，基本完成大学物理实验的大二学生，安排 4~6 周的时间，学生根据兴趣爱好，从本实验教程中自主选择设计性物理实验项目，在开放创新实验室，完成选择、制作、调试、测量、分析和撰写实验小论文的全过程。有兴趣的读者，可登陆青岛科技大学物理实验教学中心网站 http://wlsy. qust. edu. cn 详细了解。

本书由唐亚明、葛松华、杨清雷主编，王泽华、朱国全、刘珂参编。 参加此次教材编写的教师，都具有多年从事物理实验教学的经历，本书编写方案几经集体讨论，个人分工撰写，反复修改而成。 有的教师虽然没有具体执笔编写，但在编写中吸收了他们的宝贵意见和经验，使得本书成为集体智慧的结晶。

由于我们的水平有限，书中难免存在不妥之处，敬请读者批评指正。

编　者
2015 年 2 月

目　录

PN 结物理特性的测量

伏安特性是 PN 结的基本特性，测量 PN 结的扩散电流与 PN 结电压之间的关系，可以验证它们遵守波尔兹曼分布规律，并进而求出波尔兹曼常数的值。PN 结的扩散电流很小，为 $10^{-6} \sim 10^{-8}$ A 数量级，所以在测量 PN 结扩散电流的过程中，运用了弱电流测量技术，即用运算放大器对电流进行电流-电压变换。

【实验目的】

(1) 学习利用运算放大器测量微小电流。

(2) 掌握 PN 结的伏安特性，学习曲线拟合方法，求出波尔兹曼常数。

【实验原理】

1. LF356 运算放大器介绍

利用 LF356 运算放大器可以组成电流-电压变换器，其电路如图 1-1 所示。LF356 是一个集成运算放大器，R_f 为反馈电阻，若 $R_f \rightarrow \infty$ 时，输出电压 U_o 与输入电压 U_i 的比值叫做运算放大器的开环增益 K_o。运算放大器的输入阻抗 r 很大，理想情况下 $r \rightarrow \infty$，可以认为反馈电流等于信号源的输入电流 I_S。Z_r 为电流-电压变换器的等效输入阻抗，因为反馈电流等于信号源的输入电流 I_S，输入电流 I_S 可以写为

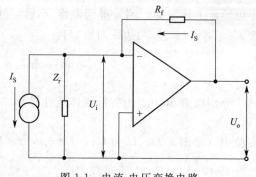

图 1-1 电流-电压变换电路

$$I_S = \frac{U_i - U_o}{R_f} \tag{1-1}$$

式中，U_i 为运算放大器的输入电压；U_o 为运算放大器的输出电压。二者的关系为

$$U_o = -K_o U_i \tag{1-2}$$

将式(1-2)代入式(1-1)得

$$I_S = \frac{U_i - U_o}{R_f} = -\frac{U_o}{R_f}\left(1 + \frac{1}{K_o}\right) \approx -\frac{U_o}{R_f} \tag{1-3}$$

式中，K_o 为运算放大器的开环电压放大倍数，一般为 $10^5 \sim 10^6$。

所以，如果测出 U_o，即可得到 I_S。我们选取反馈电阻 $R_f = 1\text{M}\Omega$，用量程为 200mV 的数字电压表，它的分辨率为 0.01mV，则能测到的最小电流为

$$I_S = \frac{0.01\text{mV}}{1\text{M}\Omega} = 1 \times 10^{-11}\text{A}$$

由此可见，电流-电压变换器具有很高的灵敏度。

2. PN 结的伏安特性

由固体理论可知，理想 PN 结的正向电流-电压关系满足

$$I = I_o\left[\exp\left(\frac{eU}{k_B T}\right) - 1\right] \tag{1-4}$$

式中，I 是通过 PN 结的正向电流；I_o 是反向饱和电流（与半导体的材料和掺杂浓度有关）；U 是加在 PN 结上的正向电压；T 为热力学温度；k_B 为波尔兹曼常数；e 为基本电荷量。常温下，$\frac{e}{k_B T} \approx 38$，$\exp\left(\frac{eU}{k_B T}\right) \gg 1$，式 (1-4) 可以近似写成

$$I = I_o \exp\left(\frac{eU}{k_B T}\right) \tag{1-5}$$

在常温下，PN 结的正向电流随正向电压按 e 指数规律变化，电压很小时，电流很小，需要用电流-电压变换器测量电流。如果测量得到 PN 结的伏安特性，即可验证上述规律。测量得到温度 T 后，利用电子电量值，可求得波尔兹曼常数 k_B。将式 (1-5) 两边取对数，得

$$\ln I = \ln I_o + \frac{eU}{k_B T} \tag{1-6}$$

分别以 U 和 $\ln I$ 为变量，作线性最小二乘法拟合，得到 $\frac{e}{k_B T}$，可以得到 k_B，实验中（见图 1-2），U 为 U_1，$I = \frac{U_2}{R_f}$，式 (1-6) 变为

$$\ln U_2 = (\ln I_o + \ln R_f) + \frac{eU_1}{k_B T} \tag{1-7}$$

用 U_1 为横坐标，$\ln U_2$ 为纵坐标拟合即可。

在实验中，如果利用二极管进行测量，往往得不到好的结果，其原因是：①存在耗尽层电流，其值正比于 $\exp\left(\frac{eU}{2k_B T}\right)$；②存在表面电流，其值正比于 $\exp\left(\frac{eU}{mk_B T}\right)$，$m > 2$。

为了不受上述影响，一般不用二极管，而是采用三极管接成共基极电路，集电极与基极短接。复合电流主要在基极出现，集电极中主要是扩散电流，如果选择好的三极管，表面电流也可以忽略。本实验选择 TIP31 型硅三极管。

【实验仪器】

±15V 直流稳压电源，TIP31 型硅三极管，LF356 集成运算放大器，四位半数字万用表，电阻，电容，电位器，导线，实验接线板等。

TIP31 型硅三极管，LF356 集成运算放大器的管脚如图 1-3 所示。

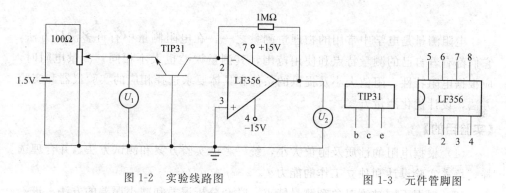

图 1-2　实验线路图　　　　　图 1-3　元件管脚图

【实验内容与步骤提示】

实验线路图如图 1-2 所示。在常温和零温（冰水混合物）下测量硅三极管发射极与基极之间的电压 U_1 和相应的 LF356 输出电压 U_2。通过调节 100Ω 可调电位器改变 U_1 的值，尽量在线性区域多测量数据点。根据式（1-7）拟合求波尔兹曼常数 k_B。

【思考题】

（1）得到的数据一部分在线性区，另一部分不在线性区，为什么？拟合时应如何注意取舍？

（2）减小反馈电阻的代价是什么？对实验结果有影响吗？

【参考文献】

［1］　陆申龙等．半导体 PN 结 I-U 关系曲线拟合以及 $\dfrac{e}{k_B}$ 的测定［J］．物理实验（1），1992.

［2］　黄昆，韩玉琦．半导体物理基础［M］．北京：科学出版社，1979.

［3］　万嘉若，林康运等．电子线路基础（上册）［M］．北京：高等教育出版社，1987.

电阻测量优化研究

电阻测量是电学中常用的物理量测量之一，在电阻测量中有许多测量方法，它们都有着自己的测量特点和使用范围，其测量误差也大不相同。测量电阻时，应根据电阻特性、阻值大小及提供的条件和具体要求选择相应的实验仪器和实验方法，设计优化测量方案。

【实验目的】

（1）根据电阻的性质及阻值大小，统一考虑实验方案和测试方法，并合理选择，培养实验设计和独立工作的能力。

（2）根据不同被测对象和测量特点，学会分析误差和减小误差的方法，进一步培养分析问题和解决问题的能力。

【实验要求】

本实验根据不同被测对象和测量特点，将分别研究小电阻测量优化；中值电阻测量优化；大电阻测量优化；非线性电阻测量优化等项目。中值电阻测量优化为必做内容，在做中值电阻测量优化时，首先对同一元件用不同的测量仪器和不同的实验方法进行研究（可从仪器特点、误差情况、方法的引申以及它们对测量结果的影响等方面进行考虑）；然后对不同的元件进行合理的实验方法、测量电路、实验仪器的选择（可从实验结果的比较、尽量减小系统误差或对系统误差进行修正、完善测量方法求得最佳实验测量结果等方面进行考虑）。

在充分做好课前预习的基础上，设计出实验方案，其中包括如下内容：原理分析、理论依据、误差处理及计算公式；列出仪器清单；画出实验线路图及实验记录表格；写出实验操作程序及注意事项；实验结束后，按课题要求写出完整的实验报告。

【实验内容与步骤提示】

（1）伏安法测电阻的系统误差研究，设计 1～2 种消除此误差的测量方案。

（2）电位差计测电阻所选用的标准电阻参数与测量结果的讨论。

（3）现有三个待测电阻（阻值分别约 1MΩ、1000Ω、1.60Ω），三个标准电阻（1MΩ、1000Ω、1Ω），用电位差计分别进行测量，要求测量误差小于0.4％，比较测量结果，并分析误差来源，设计1～2种消除此误差的测量方法。

（4）单臂电桥测电阻的研究（可从测量范围、比较臂、减小测量误差等方面进行分析）。

（5）对一待测电阻（1000Ω左右）分别用伏安法、补偿法进行测量，要求测量误差小于1.5％，评价两种方法的优缺点，选取适宜的测量方法。

（6）对两个待测电阻（阻值分别约为1000Ω、1.60Ω），分别用单臂电桥和电位差计进行测量，要求测量误差小于0.2％，评价测量方法的优缺点。

（7）数字化测量在电阻测量中的应用与讨论。

（8）计算技术在电阻测量优化中的应用与讨论。

【思考题】

（1）什么是测量线路的灵敏度？如何提高测量灵敏度？

（2）测量电阻可采用伏安法、惠斯登电桥、凯尔文电桥和电位差计，试问它们的测量特点和应用场合。

（3）列举桥路法和补偿法在测控技术中的应用。

【参考文献】

［1］ 陈毓斌.惠斯通电桥测电阻的误差分析［J］.技术物理教学，2004，12(1):32-33.

［2］ 李萍，王杰.惠斯通电桥桥臂电阻取值范围的分析与研究［J］.云南民族学院学报，2000，12(3):78-80.

［3］ 周绍武.常用电工仪表的使用和维修［M］.江西:江西人民出版社，1976.

［4］ 黄大林.电工仪表的使用与调修［M］.北京:中国电力出版社，2003.

［5］ 杨述武，杨介信，陈国英.普通物理实验［M］.北京:高等教育出版社，1992.

［6］ 顾焕国等.补偿法测电阻实验设计［J］.大学物理实验，2007，20(2):47-48.

［7］ 符时民.电压补偿伏安法测量电阻［J］.辽宁石油化工大学学报，2007，27(1):90-92.

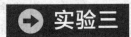

四探针电阻率测试仪原理与应用

SZT—90 型数字式四探针电阻率测试仪是运用四探针电阻率测试原理的多用途综合测量装置，可以测量棒状、块状半导体材料的径向和轴向电阻率，片状半导体材料的电阻率和扩散层方块电阻，换上特制的四端子测试夹还可以对低、中值电阻进行测量。

仪器由集成电路和晶体管电路混合组成，具有测量精度高、灵敏度高、稳定性好、测量范围广、结构紧凑、使用方便的特点，测量结果由数字直接显示。仪器探头由宝石导向轴套和高耐磨合金探针组成，具有定位准确、游移率小、寿命长的特点。本仪器适合于对半导体、金属、绝缘体材料的电阻性能测试。

【实验目的】

(1) 了解四探针电阻率测试仪的基本原理。
(2) 了解四探针电阻率测试仪组成、原理和使用方法。
(3) 能对给定的物质进行实验，并对实验结果进行分析、处理。

【实验原理】

四探针电阻率测试原理如图 3-1 所示，当 1、2、3、4 根金属探针排成直线时，并以一定的压力压在半导体材料上，在 1、4 两处探针间通过电流 I，则 2、

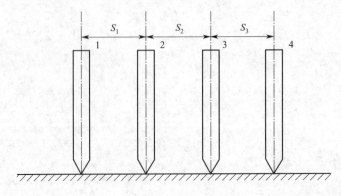

图 3-1 四探针电阻率测试原理

3 探针间产生电位差 V。材料的电阻率为

$$\rho = \frac{V}{I}C(\Omega \cdot cm^{-1}) \tag{3-1}$$

式中，C 为探针系数，由探针的几何位置决定。当试样电阻率分布均匀，试样尺寸满足半无限大条件时，$C = \dfrac{2\pi}{\dfrac{1}{S_1} + \dfrac{1}{S_2} - \dfrac{1}{S_1 + S_2} - \dfrac{1}{S_2 + S_3}}(cm)$ $\tag{3-2}$

式中，S_1、S_2、S_3 分别为探针 1 与 2，2 与 3，3 与 4 之间的间距，当 $S_1 = S_2 = S_3 = 1cm$ 时，$C = 2\pi$。若电流取 $I = C$ 时，则 $\rho = V$ 可由数字电压表直接读出。

1. 块状和棒状样品体电阻率测量

由于块状和棒状样品外形尺寸与探针间距比较，满足半无限大的边界条件，电阻率值可以直接由式(3-1)、式(3-2) 求出。

2. 薄片电阻率测量

薄片样品因为其厚度与探针间距比较，不能忽略，测量时要提供样品的厚度、形状和测量位的修正系数。电阻率可由下面公式得出

$$\rho = 2\pi S \frac{V}{I} G\left(\frac{W}{S}\right) D\left(\frac{d}{S}\right) = \rho_0 G\left(\frac{W}{S}\right) D\left(\frac{d}{S}\right) \tag{3-3}$$

式中，ρ_0 为块形体电阻率测量值；W 为样品厚度，mm；S 为探针间距，mm；d 为探针直径，mm；$G\left(\dfrac{W}{S}\right)$ 为样品厚度修正系数；$D\left(\dfrac{d}{S}\right)$ 为样品形状和测量位置的修正系数；两修正系数均可由相关表格查得。当圆形硅片的厚度满足 $\dfrac{W}{S} < 0.5$ 时，电阻率为

$$\rho = \rho_0 G\left(\frac{W}{S}\right) D\left(\frac{d}{S}\right) = \frac{\pi}{ln2} \frac{VM}{I} D\left(\frac{d}{S}\right) \tag{3-4}$$

$$= 4.53 \frac{V}{I} WD\left(\frac{d}{S}\right)$$

扩散层的方块电阻测量时，当半导体薄层尺寸满足于半无限大平面条件时

$$\rho = \frac{\pi}{ln2}\left(\frac{V}{I}\right) = 4.53 \frac{V}{I} \tag{3-5}$$

若取 $I = 4.53$，则 ρ 值可由 V 表中直接读出。

【实验装置】

仪器分为电气、测试架两大部分，可以根据测试需要安放在一般工作台或者专用工作台上。

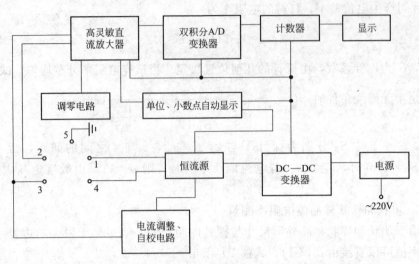

图 3-2　SZT—90 型数字式四探针电阻率测试仪电气部分原理方框图

1. 电气部分

SZT—90 型数字式四探针电阻率测试仪电气部分原理方框图如图 3-2 所示。仪器主体部分由高灵敏度直流数字电压表（由调制式高灵敏直流放大器、双积分 A/D 变换、计数器、显示器组成）、恒流源、电源、DC—DC 电源变换器组成。为了扩大仪器功能使用方便还设立了单位、小数点自动显示电路、电流调节、自校电路和调零电路。仪器电源经过 DC—DC 变换器，由恒流源电路产生一个高稳定恒定直流电流，其量程为 $10\mu A$、$100\mu A$、$1mA$、$10mA$、$100mA$；数值连续可调，输送到 1、4 探针上，在样品上产生电位差，此直流电压信号由 2、3 探针输送到电气箱内。具有高灵敏，高输入阻抗的直流放大器中将直流信号放大（放大量程有 $0.2mV$、$2mV$、$20mV$、$200mV$、$2V$）。经过双积分 A/D 变换器将模拟量变换成数字量，由计数器计数，单位、小数点自动显示电路和显示器显示出测量结果。为了克服测试时探针与样品接触时产生的接触电势和整流效应的影响，本仪器设立有"粗调"、"细调"，调零电路能产生一个恒定的电势来补偿附加电势的影响。仪器自校电路，备有精度为 0.02% 的标准电阻，作为自校电路的基础，通过自校电路可以方便地对恒流源进行校正。

2. 测试架部分

测试架由探头及压力传动机构、样品台构成，如图 3-3 所示，探头采用精密加工，配宝石导套，使测量误差大为减小，且寿命长，探头内有弹簧加力装置，测试架还有高度粗调、细调装置。在半导体材料断面测量时，直径范围 $\phi 15\sim 100mm$，其高度为 $400mm$，如果要对大于 $400mm$ 长单晶的断面进行测量，可以将升降架升高或者加长主柱，测试架有专门的屏蔽导线插头与电气接地端连接。

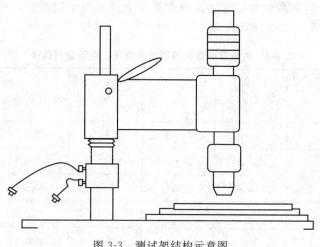

图 3-3　测试架结构示意图

【实验内容与步骤提示】

1. 测试准备

将 220V 电源插入电源插座，电源开关置于断开位置，工作选择开关置于"短路"位置，电流开关处于弹出位置。将测试夹的屏蔽线插头与电气箱的输入插座连接起来，松开测试架立柱处的高度调节手轮，将探头调到适当的位置，测试样品应进行清洁处理，放在样品架上，使探针能与其表面良好接触，并保持一定的压力。

2. 测量

将电源开关置于开启位置，数字显示、仪器通电预热半小时（仪器作校准考核时，0.2mV 电压量程应预热一小时）。

电阻率、方块电阻、电阻测量如下。

使探头接触到样品，功能开关置于"测量"，拨动电流量程开关与电压量程开关，置于样品测量所适合的电流、电压量程范围，最终调节到适合的电流值，调节粗调、细调和调零，使数字显示为"0000"，按下电流开关，由数字显示板和单位显示灯直接读出测量值和单位，如果数字显示熄灭只剩下"−1"或"1"，则测量数值已超过此电压量程，应将电压量程拨到更高挡。读数后弹出电流开关，数字显示将恢复到零位，否则应重新测量，在仪表处于高灵敏电压挡时更要经常检查零位，再将极性开关拨至下方（负极性），按下电流开关，从数字显示板和单位显示灯可以读出负极性的测量值，将两次测量得的电阻率值取平均，即为样品在该处的电阻率值。

　　测量电阻和方块电阻时，可以按表 3-1 所示的电压、电流量程进行选择。测量电阻率时，样品的范围和应选择的电流范围如表 3-2 所示。从保证测试精度考虑，在电阻率测试时，更多地推荐采用表 3-3 所示的电流、电压量程进行测量。

表 3-1　电阻及薄层电阻测量时电压、电流量程选择

电压/mV 电阻值 电流/mA	0.2	2	20	200	2000
100	2mΩ	20mΩ	200mΩ	2Ω	20Ω
10	20mΩ	200mΩ	2Ω	20Ω	200Ω
1	200mΩ	2Ω	20Ω	200Ω	2kΩ
0.1	2Ω	20Ω	200Ω	2kΩ	20kΩ
0.01	20Ω	200Ω	2kΩ	20kΩ	200kΩ

表 3-2　测量电阻率所要求的电流值

电阻率范围/($\Omega \cdot cm^{-1}$)	电流挡/mA	电阻率范围/($\Omega \cdot cm^{-1}$)	电流挡/mA
<0.01	100	40~1200	0.1
0.08~0.6	10	>100	0.01
0.4~60	1		

表 3-3　电阻率测量时推荐的电流、电压量程选择

电压/mV 电阻率 /($\Omega \cdot cm^{-1}$) 电流/mA	0.2	2	20	200	2000
100	10^{-4}~10^{-3}	10^{-3}			
10		10^{-3}~10^{-2}	10		
1		10^{-1}	1~20	10~50	10^{2}~10^{3}
0.1				50~200	10^{3}~10^{4}
0.01					10^{3}

表 3-4　电流调节和自校时必须对应的电流、电压量程

电压量程	2V	200mV	20mV	2mV	0.2mV
电流量程	100mA	10mA	1mA	0.1mA	0.01mA

实验中请特别注意以下几点。

(1) 测量电流值的调节，将测量选择开关置于"电阻"位置，工作选择开关置于"I调节"位置，电流量程开关与电压量程开关必须放在表 3-4 所列的任一组对应的位置。按下电流开关，调节电流电位器。可以使电流输出从 0～1000mA，直到数字显示出测量所需要的电流值（例如 6.24，4.53 等）为止。当电流调节电位器置顶端 1000 时数字显示为 1000±2，是相应电流量程的满度值。只要调节好某一量程电流输出值后，其电流会按此数字输出，不同数量级的电流值其误差为±2 字。

(2) 仪器自校：为了校验电气箱中数字电压表和恒流源的精度，仪器内部装有精度为 0.02％的标准电阻，供校验之用。自校时，将测量选择开关置于"电阻"位置，工作选择开关置于"自校"位置，电流量程开关和电压量程开关按表 3-4 所示进行。调节好零位，按下电流开关则数字显示板显示出"19.9X"，如果数值相差，可以调节机内板上"I调节"旋钮，使数字恢复到"19.9X"值。

(3) 棒状和块状样品电阻率测量，按测量步骤进行，由表 3-3 选择电压和电流，调节电流 $I=6.28=C$，C 为探针几何修正系数，显示屏显示的值即为测量电阻率值。

(4) 薄片电阻率测量时，根据表 3-3 选择电压和电流量程。当薄片厚度大于 0.5mm 时，按式(3-3)进行。当薄片厚度小于 0.5mm 时，按式(3-4)进行。

(5) 方块电阻测量时，电流和电压量程按表 3-1 选择，当电流调节在 4.53 时，读出的数值乘以 10 倍即为实际的方块电阻值。

(6) 电阻（V/I）测量：用四端测量夹子换下四探针测试架，按测量步骤进行，由表 3-1 选择适合的电流和电压量程，电流值调节到数值 1000，读出数值为实际测量的电阻值。

(7) 仪器在中断测试时应将工作选择开关置到"短路"位置，电流开关按钮复原。

【思考题】

(1) 对于较小的薄片试样（$D<10mm$），该如何测量？

(2) 各向异性的试样，该如何测量？

(3) 为什么测量单晶样品电阻率时，测量平面要求毛面，而测量扩散片扩散层薄层电阻率时，测量平面可以是镜面？

【参考文献】

[1] 孙以材. 半导体测试技术 [M]. 北京：冶金工业出版社，1984.

[2] 张永瑞、刘振起等. 电子测量技术基础 [M]. 西安：西安电子科技大学出版社，2000.

［3］ 白惠珍、李玲玲、王胜恩等. 金属薄板电导率的四探针测量方法［J］. 河北工业大学学报. 2000. 29（4）：76-78.

［4］ 关自强. 四探针电动测试仪设计原理及维修［J］. 南方金属，2013,130(2):55-57.

［5］ 孙以材，刘新福等. 微区薄层电阻四探针测试以及其应用［J］. 固体电子学研究与进展，2002, 22（1）：93-99.

［6］ 王琨，晏敏等. 半导体材料电阻率与导电类型测试仪的研制［J］. 国外电子测量技术，2008, 27（9）：1-3.

实验四

用波尔共振仪研究受迫振动

在机械制造和建筑工程等领域中，受迫振动所导致的共振现象引起工程技术人员极大关注。它既有破坏作用，也有实用价值。很多电声器件都是运用共振原理设计制作的。另外，在微观科学研究中，"共振"也是一种重要的研究手段。例如，利用核磁共振和顺磁共振研究物质结构等。表征受迫振动性质是受迫振动的振幅-频率特性和相位-频率特性（简称幅频和相频特性）。本实验中，采用波尔共振仪定量测定机械受迫振动的幅频特性和相频特性，并利用频闪方法来测定动态的物理量——相位差。数据处理与误差分析方面的内容也比较丰富。

【实验目的】

（1）研究波尔共振仪中弹性摆轮受迫振动的幅频特性和相频特性。

（2）研究不同阻尼力矩对受迫振动的影响，观察共振现象。

（3）学习用频闪法测定运动物体的某些量。

【实验原理】

物体在周期外力的持续作用下发生的振动称为受迫振动，这种周期性的外力称为策动力。如果外力是按简谐振动规律变化，那么稳定状态时的受迫振动也是简谐振动，此时，振幅保持恒定，振幅的大小与策动力的频率和原振动系统无阻尼时的固有振动频率以及阻尼系数有关。在受迫振动状态下，系统除了受到策动力的作用外，同时还受到回复力和阻尼力的作用。所以在稳定状态时物体的位移、速度变化与策动力变化不是同相位的，而是存在一个相位差。当策动力频率与系统的固有频率相同，产生共振，测试振幅最大，相位差为 $90°$。实验采用摆轮在弹性力矩作用下自由摆动，在电磁阻尼力矩作用下作受迫振动来研究受迫振动特性，可直观地显示机构振动中的一些物理现象。当摆轮受到周期性策动力 $M=M_0\cos\omega t$ 的作用，并在有空气阻尼和电磁阻尼的媒质中运动时（阻尼力矩为 $-b\dfrac{\mathrm{d}\theta}{\mathrm{d}t}$），其运动方程为

$$J\frac{\mathrm{d}^2\theta}{\mathrm{d}t^2}=-k\theta-b\frac{\mathrm{d}\theta}{\mathrm{d}t}+M_0\cos\omega t \tag{4-1}$$

13

式中，J 为摆轮的转动惯量；$-k\theta$ 为弹性力矩；M_0 为强迫力矩的幅值；ω 为策动力的圆频率。令 $\omega^2=\dfrac{k}{J}$，$2\beta=\dfrac{b}{J}$，$m=\dfrac{M_0}{J}$，则式（4-1）变为

$$\frac{\mathrm{d}^2\theta}{\mathrm{d}t^2}+2\beta\frac{\mathrm{d}\theta}{\mathrm{d}t}+\omega_0^2\theta=m\cos\omega t \tag{4-2}$$

当 $m\cos\omega t=0$ 时，式（4-2）即为阻尼振动方程。若 β 也为 0，则式（4-2）脱化为简谐振动方程，其系统的固有频率为 ω_0，式（4-2）的通解为

$$\theta=\theta_1\mathrm{e}^{-\beta t}\cos(\omega_{\mathrm{f}}t+\alpha)+\theta_2\cos(\omega t+\phi) \tag{4-3}$$

由式（4-3）可见，受迫振动可分成两部分。

第一部分，$\theta=\theta_1\mathrm{e}^{-\beta t}\cos(\omega_{\mathrm{f}}t+\alpha)$ 和初始条件有关，经过一定时间后衰减消失。

第二部分，说明策动力矩对摆轮做功，向振动体传送能量，最后达到一个稳定的振动状态。

$$\theta_2=\frac{m}{\sqrt{(\omega_0^2-\omega^2)^2+4\beta^2\omega^2}} \tag{4-4}$$

它与策动力矩之间的相位差为

$$\phi=\arctan\frac{2\beta\omega}{\omega_0^2-\omega^2} \tag{4-5}$$

由式（4-4）和式（4-5）可看出，振幅 θ_2 与相位差 ϕ 的数值取决于策动力矩 M、频率 ω、系统的固有频率 ω_0 和阻尼系数 β 4 个因素，而与振动初始状态无关。

由 $\dfrac{\partial}{\partial\omega}[(\omega_0^2-\omega^2)^2+4\beta^2\omega^2]=0$ 的极值条件可得出，当策动力的圆频率 $\omega=\sqrt{\omega_0^2-2\beta^2}$ 时，产生共振，θ 有极大值。若共振时圆频率和振幅分别用 ω_{r}、θ_{r} 表示，则

$$\omega_{\mathrm{r}}=\sqrt{\omega_0^2-2\beta^2} \tag{4-6}$$

$$\theta_{\mathrm{r}}=\frac{m}{2\beta\sqrt{\omega_0^2-\beta^2}} \tag{4-7}$$

式（4-6）和式（4-7）表明，阻尼系数 β 越小，共振时圆频率越接近固有频率，振幅 θ_{r} 也越大，图 4-1 和图 4-2 表示出在不同 β 时受迫振动的幅频特性和相频特性。

【实验仪器】

BG-2 型波尔共振仪由振动仪与电气控制箱两部分组成。振动仪部分如图 4-3 所示，铜质圆形摆轮安装在机架上。弹簧的一端与摆轮的轴相连，另一端可以固

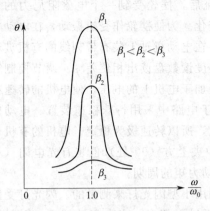

图 4-1 不同 β 时受迫振动的幅频特性　　图 4-2 不同 β 时受迫振动的相频特性

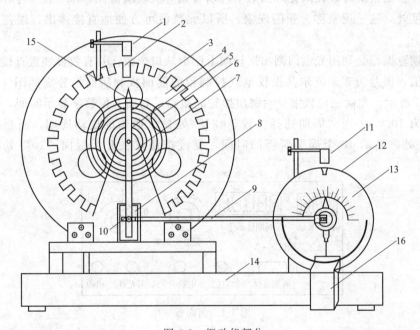

图 4-3 振动仪部分

1—光电门 A；2—长凹槽；3—短凹槽；4—铜制摆轮；5—摇杆；6—蜗卷弹簧；7—机架；
8—阻尼线圈；9—连杆；10—摇杆调节螺钉；11—光电门 B；12—角度盘；
13—有机玻璃转盘；14—底座；15—弹簧夹持螺钉；16—闪光灯

定在机架支柱上。在弹簧弹性力的作用下，摆轮可绕轴自由往复摆动。在摆轮的外围有一圈槽型缺口，其中一个长型凹槽比其他凹槽长出许多。机架上对准长型缺口处有一个光电门，它与电气控制箱相连接，用来测量摆轮的振幅（角度值）和摆轮的振动周期。在机架下方有一对带有铁芯的线圈，摆轮恰巧嵌在铁芯的空隙。利用电磁感应原理，当线圈中通过电流后，摆轮受到一个电磁阻尼力的作用。改变电流的大小即可使阻尼大小相应变化。为使摆轮作受迫振动，在电动机轴上装有偏心轮，通过连杆机构带动摆轮，在电动机轴上装有带刻线的有机玻璃转盘，它随电机一起转动，通过它可以从角度读数盘读出相位差 ϕ。调节控制箱上的十圈电机转速调节旋钮，可以精确改变加于电机上的电压，使电机的转速在实验范围（30～45r/min）内连续可调。由于电路中采用特殊稳速装置、电动机采用惯性很小的带测速发电机的特种电机，所以转速极为稳定。电机的有机玻璃转盘上装有两个挡光片。在角度读数盘中央上方（90°处）也装有光电门（策动力矩信号），并与控制箱相连，以测量策动力矩的周期。

受迫振动时摆轮与外力矩的相位差是利用小型闪光灯来测量的。闪光灯受摆轮信号光电门控制，每当摆轮上长型凹槽通过平衡时，光电门被挡光，引起闪光。在稳定情况时，在闪光灯照射下可以看到有机玻璃指针好像一直"停在"某一刻度处，这一现象称为频闪现象，所以此数值可方便地直接读出，误差不大于 $2°$。

摆轮振幅是利用光电门测出摆轮圈上凹型缺口个数，并有数显装置直接显示出此值，误差为 $2°$。波尔共振仪电气控制箱的前面板和后面板分别如图 4-4 和图 4-5 所示。左面三位数字显示铜质摆轮的振幅。右面五位数字显示时间，计时精度为 $10^{-3}\,\mathrm{s}$。当"周期选择"置于"1"处显示摆轮的摆动周期，而当扳向"10"处，显示 10 个周期所需的时间，复位按钮仅在开关扳向"10"处时起作用。

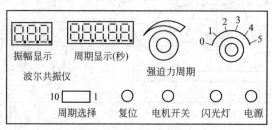

图 4-4 前面板

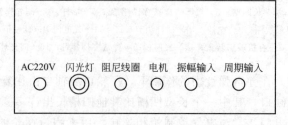

图 4-5 后面板

　　电机转速调节按钮，是一个带有刻度的十圈电位器，调节此旋钮时可以精确改变电机转速，即改变策动力矩的周期。刻度仅供实验时参考，以便大致确定策动力矩周期值在多圈电位器上的相应位置。

　　阻尼电流选择开关可以改变通过阻尼线圈内直流电流的大小，从而改变摆轮系统的阻尼系数。选择开关可分 6 挡；"0"处阻尼电流为零；"1"处阻尼电流最小约为 0.2A；"5"处阻尼电流最大，约为 0.6A。阻尼电流靠 15V 稳压装置提供，实验时选用挡位根据情况而定（通常为 3、4）。

　　闪光灯开关用来控制闪光与否，当扳向接通位置时，当摆轮长缺口通过平衡位置时便产生闪光，由于频闪现象，可从相位差读数盘上看到刻度线似乎静止不动的读数（实际上有机玻璃盘上刻度线一直在匀速转动）。从而读出相位差数值，为使闪光灯管不易损坏，平时将此开关扳向"关"处，仅在测量相位差时才扳向接通。电机开关用来控制电机是否转动，在测定阻尼系数和摆轮固有频率与振幅关系时，必须将电机关断。电气控制箱与闪光灯和波尔共振仪之间通过各种专用电缆相连接，不会产生接线错误。

【实验内容与步骤提示】

　　1. 测定阻尼系数 β

　　如前所述，阻尼振动是在策动力为零的状况下进行的。进行本实验内容时，必须切断电机电源，角度盘指针放在 0° 位置。将面板上阻尼选择开关旋至"2"的位置，此位置选定后，在实验过程中不能任意改变。手拨动摆轮 θ_0 选取 130°～150° 之间，从振幅显示窗读出摆轮作阻尼振动时的振幅随周期变化的数值 θ_1，θ_2，$\cdots$，θ_n，记录于表 4-1 中。

　　这里由于没有策动力的作用，运动方程式（4-1）的解为

$$\theta = \theta_0 e^{-\beta t} \cos(\omega_f + \alpha) \tag{4-8}$$

相应的　　　　　$\theta_1 = \theta_0 e^{-\beta T}$，$\theta_2 = \theta_0 e^{-\beta(2T)}$，$\cdots$，$\theta_n = \theta_0 e^{-\beta(nT)}$

利用　　　　　$$\ln \frac{\theta_i}{\theta_j} = \ln \frac{\theta_0 e^{-\beta(iT)}}{\theta_0 e^{-\beta(jT)}} = (i-j)\beta T \tag{4-9}$$

可求出 β 值，式中 θ_i，θ_j 分别为第 i，j 次振动的振幅；T 为阻尼振动周期的平均值。可以连续测出每个振幅对应的振动周期值，然后取平均值。可采用逐差法处理数据，求出 β 值。

　　2. 测定受迫振动的幅频特性与相频特性曲线

　　测出系统的固有频率：将阻尼开关旋至 0 位置，手拨动摆轮的"120°～150°"，测出摆轮摆动的 10 个周期所需的时间，连续测三次，然后计算系统的固有频率 ω_0。

　　恢复阻尼开关到原位置，改变电机转速，即改变策动力矩频率。当受迫振动稳定后，读取摆轮的振幅值〔这时方程式（4-3）的解的第一项趋于零，只有第二

项存在]，并利用闪光灯测定受迫振动位移与策动力相位差 ϕ。

表 4-1 β 值计算记录表

阻尼开关位置为 ＿＿＿＿＿＿

振　幅		振　幅		$\ln\dfrac{\theta_i}{\theta_{i+5}}$
θ_0		θ_5		
θ_1		θ_6		
θ_2		θ_7		
θ_3		θ_8		
θ_4		θ_9		
			平均值	

$$\overline{T}=\underline{\qquad}\text{s}\qquad 由\ 5\beta T=\ln\frac{\theta_i}{\theta_{i+5}}\ 求出\ \beta\ 值。$$

策动力矩的频率 ω 可从摆轮振动周期算出，也可以将周期选择开关拨向"10"处直接测定策动力矩的 10 个周期后算出，在达到稳定状态时，两者数值相同。前者为 4 位有效数字，后者为 5 位有效数字。

在共振点附近由于曲线变化较大，因此测量数据要相对密集些，此时电机转速的微小变化会引起 $\Delta\phi$ 很大改变。将实验数据记录于表 4-2 中。电机转速旋钮上的读数是一参考数值，建议在不同 ω 时都记下此值，以便实验中要重新测量数据时参考。以 ω/ω_0 为横坐标，振幅 θ 为纵坐标，作幅频曲线。以 ω/ω_0 为横坐标，相位差 ϕ 为纵坐标，作相频曲线。这两条曲线全面反映了该振动系统的特点。

表 4-2 幅频特性和相频特性测量数据记录表

阻尼开关位置＿＿＿＿＿＿

$10T/\text{s}$	$\omega=\dfrac{2\pi}{T}/\text{s}^{-1}$	$\phi/(°)$	$\theta/(°)$	$\dfrac{\omega}{\omega_0}$

3. 改变阻尼挡至"4"

重复 1、2 的实验测试。

【思考题】

(1) 受迫振动的振幅和相位差与哪些因素有关？

（2）实验中采用什么方法来改变阻尼力矩的大小？它利用了什么原理？

（3）实验中是怎么利用频闪原理来测定相位差 ϕ 的？

（4）从实验结果可得出哪些结论？

（5）实验中为什么当选定阻尼电流后，要求阻尼系数和幅频特性、相频特性的测定一起完成？而不能先测不同电流时 β 的值，然后再测定相应阻尼电流时的幅频特性与相频特性？

（6）本实验中有几种测定 β 值的方法，你认为哪种方法较好？为什么？

【参考文献】

[1] 单晓峰．关于受迫振动、共振的实验研究［J］．物理实验，2006，26(8)：24-26.

[2] 易忠斌．共振现象实验演示方法的探讨［J］．喀什师范学院学报，2006(6)：72-74.

[3] 丁慎训．物理实验教程［M］．北京:清华大学出版社,2002.

[4] 李越洋,刘存海,张勇．受迫振动特性研究［J］．化学工程与装备,2008(7)：19-20.

[5] 朱鹤年．波耳共振仪受迫振动的运动方程［J］．物理实验，2006，25(11)：47-48.

[6] 许友文,许弟余．用旋转矢量法求受迫振动的振幅和初相［J］．物理与工程，2006，16(4)：20-21.

[7] 方恺,陈铭南,李五旗．波尔共振仪实验的网络化教学［J］．物理与工程，2006,16(1)：32-33.

[8] 方恺,陈铭南．智能型波尔共振仪网络系统的设计［J］．实验室研究与探索，2006,25(7)：771-772.

➡️ 实验五

固体杨氏模量的测量

测量杨氏模量的方法很多，如静态拉伸法、梁的弯曲法等。通常当采用静态拉伸法测量金属丝做微小的伸长量时，应用了光杠杆的放大原理。近年来通过许多改进，如应用 CCD、监视器、显微镜等一系列技术，对微小伸长量进行放大，本质上都是围绕如何测准微小伸长量而设计的，实验所用仪器、设备价格昂贵；除此而外，不论是静态拉伸法，还是梁的弯曲法，都无法测出脆性固体的杨氏模量。本实验测量方法既能测量固体材料的杨氏模量，又能使学生学习和掌握时差法测量超声纵波声速的原理和方法，使杨氏模量测量实验、超声波测声速实验、密度测量实验有机地结合在一起，能够激发和培养学生的创新意识与创新能力。

【实验目的】

(1) 学会测量固体杨氏模量的一种新方法，特别是脆性固体的杨氏模量的测量。

(2) 进一步掌握测量超声波在固体介质中传播速度的方法。

(3) 熟练使用示波器。

【实验原理】

固体中弹性纵波的波速为

$$\nu_{纵} = \sqrt{\frac{Y}{\rho}} \qquad (5\text{-}1)$$

式中，Y 为待测固体的杨氏模量；ρ 为该固体的密度。由式(5-1)得

$$Y = \nu_{纵}^2 \rho \qquad (5\text{-}2)$$

由式(5-2)可见，只要我们测得超声波在该固体中传播的速度 $\nu_{纵}$ 以及该固体的密度 ρ，就可以算出该固体的杨氏模量 Y，实现对固体杨氏模量的间接测量。

实验时，让连续波经脉冲调制后由发射换能器发射至被测固体介质中，超声波在该固体介质中传播，经过时间 t 后，到达距离 L 处的接收换能器。由运动定律可知，声波在介质中传播的速度可由以下公式求出：

$$\nu_\text{纵} = \frac{L}{t} \tag{5-3}$$

将式(5-3)代入式(5-2)，得

$$Y = \frac{L^2}{t^2}\rho \tag{5-4}$$

距离 L 和时间 t 可分别用游标卡尺和信号源计时器精确测出；测量密度的方法很多，如果该固体不溶于水，就可用静力称衡法得到该固体的密度；如果该固体溶于水，可用其他方法得到固体的密度。这样就可以通过测量 L、t、ρ 来得到固体的杨氏模量。

【实验装置】

实验装置如图 5-1 所示。所用仪器有示波器，HZDH 杭州大华仪器制造有限公司生产的综合声速测定仪信号源 SVX-5，接收换能器，发射换能器，样品棒，待测材料棒。发射换能器与综合声速测定仪信号源 SVX-5 的发射端换能器接口相连接，接收换能器与综合声速测定仪信号源 SVX-5 的接收端换能器接口相连接，两换能器之间放样品棒、待测材料。

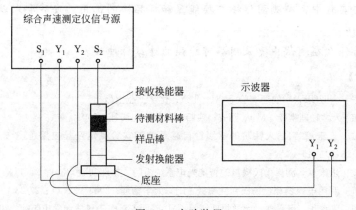

图 5-1　实验装置

【实验内容与步骤提示】

（1）仪器在使用之前，加电开机预热 15min。

（2）按图 5-1 所示进行连线，将测试方法设置到用脉冲波方式，并选择大脉冲波强度。

（3）将 180mm 长的铝样品棒加在发射换能器与接收换能器两端面之间，使两换能器的端面和固体样品棒紧密接触并对准，调节接收增益，使显示的时间差值读数稳定，此时仪器内置的计时器工作在最佳状态，为了得到准确的测量结果，在固体棒两端面上涂上适量的耦合剂，使其接触良好。

（4）记录此时信号源计时器显示的时间 t_1 值。

（5）用游标卡尺测待测固体的高度 L。

（6）将待测固体棒与接收换能器和样品棒接触的两个面上，涂上适量的耦合剂，加在接收换能器和样品棒之间，使两换能器的端面、固体样品棒及待测固体棒紧密接触并对准，记录这时信号源计时器显示的时间 t_2，那么超声波通过待测固体棒所用的时间 $t = t_2 - t_1$。

（7）用静力称衡法或其他方法测出待测固体的密度 ρ。

（8）将上面测得的 L、t、ρ 数据代入式(5-4)，算出待测固体材料的杨氏模量。表 5-1 为几种固体的杨氏模量，供参考。

表 5-1　几种固体的杨氏模量数据

固体材料	铁	铝	硬塑料	玻璃
杨氏模量/($\times 10^{10}$ N·m^{-2})	20.01	7.02	0.24	7.08

【思考题】

（1）简述脆性固体的杨氏模量测量特点和适用方法。

（2）在实验中，待测固体棒、换能器和样品棒的选用、安装要求以及测试顺序是怎样的？

（3）为什么在测试中要采用尽可能强的连续脉冲波？

【参考文献】

［1］　葛松华，唐亚明.大学物理实验［M］.北京：化学工业出版社，2012.

［2］　姚合宝.大学物理实验［M］.西安：陕西人民教育出版社，2001.

［3］　任新成，王玉清等.插入铁芯的螺线管自感系数的实验测定及其应用［J］.大学物理，2004，23(7)：45-48.

［4］　陈水波，乐雄军.测量杨氏模量的智能光电系统［J］.物理实验,2001,21(11)：34-35.

［5］　花世群.利用电容器测量杨氏弹性模量［J］.大学物理，2003，22(7)：27-28.

［6］　李平舟，陈绣华，吴兴林.大学物理实验［M］.西安：电子科技大学出版社，2002.

霍尔效应在直流电压（电流）隔离传送中的应用

近年来，随着自动检测、自动控制和信息技术的迅速发展，霍尔效应传感器在这些领域中得到了广泛应用。在用计算机进行监控的系统中，必须高精度地对直流电压隔离传送，来消除设备或设备间的噪声干扰存在的影响。传统方法是应用光电式传感器（如光敏二极管、光敏三极管）实现。但若环境温度发生变化，光敏管的暗电流和光电流将随温度的变化而变化，因此只能实现直流隔离，而无法达到直流电压高精度的隔离传送的目的。而应用基于霍尔效应的磁平衡原理研制出的传感精度高、线性度好、温度漂移小、输入与输出之间高度隔离的传感器，就很好实现了这一目的。

【实验目的】

（1）学习和掌握霍尔效应的磁平衡原理和磁比例式原理。

（2）学习霍尔电压传感器、霍尔电流传感器和霍尔开关量传感器工作原理。

（3）了解和学习霍尔效应应用于自动检测、自动控制和信息技术领域中的实用技术。

（4）进一步提高综合应用仪器设备的能力。

【实验原理】

1. 霍尔效应闭环原理（又称磁平衡原理）

如图 6-1 所示，被传电压 U_i 通过 R_i 的电流 I_i 在原边产生的磁通量与副边电流 I_o（由霍尔电压经放大而形成）通过副边线圈所产生的磁通量平衡时，副边电流 I_o 将精确地反映出原边电流值 I_i，副边电流 I_o 在 R_L 上的电压降 U_o 将精确地反映出原边电压值 U_i，这就是基于霍尔效应的磁平衡原理。该原理又简称磁平衡原理或霍尔效应闭环原理。

基于霍尔效应的磁平衡原理，可使输出电流 I_o 精确地反映出原边电流 I_i，输出电压 U_o 精确地反映出原边的电压 U_i，因此采用该原理研制的传感器从理论上讲可具有传感精度高、线性度好的特性。而且输出与输入之间高度隔离，

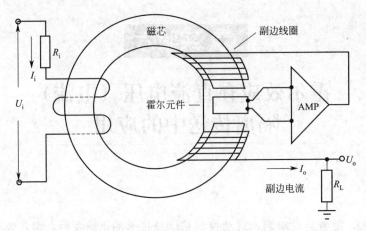

图 6-1　基于霍尔效应的磁平衡原理

非常有利于电隔离。自光电器件问世以来，人们就常用光电式传感器（如光敏二极管、光敏三极管）进行静电隔离。但是若环境温度发生变化，光敏管的暗电流和光电流将随温度的变化而变化，因此，在有温度变化的环境中，光电式传感器只能起到电隔离的作用，而无法达到直流电压高精度的隔离传送的目的。而霍尔元件在 $-40\sim45℃$ 的温度范围内霍尔电压的温度系数仅为 $3\times10^{-4}\sim4\times10^{-4}/℃$。由此可见，霍尔元件的温度特性与光敏器件相比具有极大的优越性。

2. 磁比例式原理

如图 6-2 所示，被传电流 I_i 所产生的磁场 B 与 I_i 的大小成正比，处在磁场 B 中与 B 垂直的霍尔元件所产生的电压与磁场 B 成正比，于是霍尔元件产生的电压与被传电流成比例。

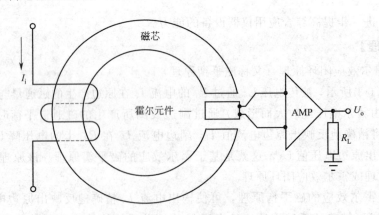

图 6-2　磁比例式原理

这就是磁比例式原理。本实验要做的直流电流越限隔离报警内容就是应用该原理进行的。

3. 传感器基本性能指标定义

（1）传感精度 精度即表示测量结果与"真值"的靠近程度，一般用极限误差来表示，或者用极限误差与满量值之比按百分数给出。定义 ΔU_{max} 为霍尔电压传感器的传感精度，则

$$\Delta U_{max} = \pm \frac{1}{2}(U_{oi\,max} - U_{oi\,min})$$

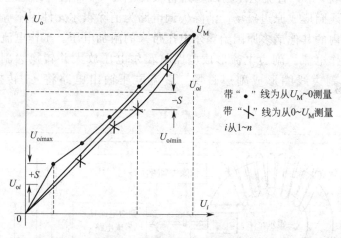

图 6-3 传感器的端点线性度

（2）线性度 线性度又称非线性，即表示传感器的输出与输入之间的关系曲线与选定的工作曲线的靠近程度。传感器的线性度是用选定的工作直线与实际工作曲线之间最大的偏差与满量程输出之比表示。由于工作直线的作法不同，线性度的数值也就不同。在一般情况下，通常采用端点线性度来表示。如图 6-3 所示，端点是指与量程的上下限值对应的标定数据点。通常取零点作为端点直线的起点，满量程为终点。通过这两个端点的直线称为端点直线。根据这条直线确定的线性度称为端点线性度，用 $+S$，$-S$ 表示，则

$$+S = \frac{U_{oi\,max} - U_{oi}}{U_M} \times 100\%$$

$$-S = \frac{U_{oi\,min} - U_{oi}}{U_M} \times 100\%$$

【实验内容与步骤提示】

根据实验要求，正确选择元件、设备和仪表，并安装调试，通电预热，准备

实验测试。其中包括：数字电压表、数字温度计、电吹风、可调直流电源、1～20mA 可调恒流源组件、1～1000mA 可调恒流源组件、霍尔片及支撑支架、"囗"型变压器铁芯、原边线圈和骨架、副边线圈和骨架、电阻和可调电阻、接插件等。然后连接成相应的实验电路。

1. 直流电压隔离传送实验

本实验的内容是测量出霍尔电压传感器隔离传送直流电压的传感精度和线性度。

采用基于霍尔效应的磁平衡原理的直流电压高精度隔离传送传感器如图 6-4 所示。在图 6-4 中，直流电压输入电路将被传电压 U_i 转换为原边电流 I_i，该电流通过原边线圈形成原边磁场。消除失调电路为消除霍尔元件因不等位效应以及包括加工在内的其他诸多原因给霍尔电压带来的附加电压。工作电流电路为霍尔元件提供工作电流。副边电流形成电路将霍尔电压放大并转换为副边电流 I_o，该电流通过副边线圈形成副边磁场。直流电压输出电路将 I_o 转换成输出电压 U_o。

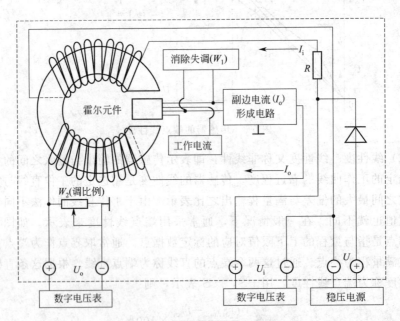

图 6-4　霍尔电压传感器隔离传送直流电压实验电路

按图 6-4 连接调试线路，由低到高改变输入电压 U_i，测试对应的输出电压 U_o；再由高到低改变输入电压 U_i，测试对应的输出电压 U_o。记录数据，填入表 6-1 中，作图分析实验结果，计算 $\Delta U_{\max}$、$+S$ 和 $-S$（对应电压传送，常用 $+S_V$ 和 $-S_V$，表示 $+S$ 和 $-S$）。

表 6-1　霍尔电压传感器隔离传送直流电压的精度和线性度测试

U_i/V	U_o/V（由 $0 \sim U_M$）	U_o/V（由 $U_M \sim 0$）
0.300		
0.600		
0.900		
1.200		
1.500		
1.800		

2. 直流电流隔离检测实验

本实验的内容为测量出霍尔电流传感器隔离检测直流电流的精度和线性度。实验接线如图 6-5 所示，只是在图 6-4 所示电路基础上，直接输入形式由电流 I_i 代替电压 U_i 输入。

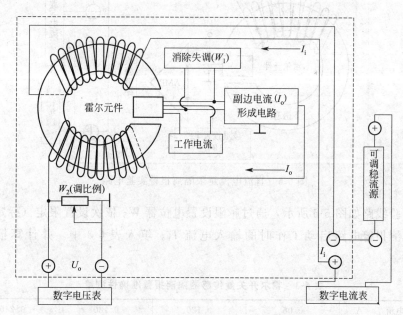

图 6-5　霍尔电流传感器隔离检测直流电流实验电路

通过调整稳流源来改变输入电流 I_i 的大小，调整 W_2 使数字电压表显示的输出电压 U_o，在数字大小上与数字电流表显示的输入电流 I_i 一样，方便测试判断。

实验中，由低到高改变输入电流 I_i，测试对应的输出电压 U_o；再由高到低改变输入电流 I_i，测试对应的输出电压 U_o。记录数据，填入表 6-2 中，作图分析实验结果，计算 ΔU_{max}（即 ΔI_{max}）、$+S$ 和 $-S$（对应电流传送，常用 $+S_I$

和$-S_I$，表示$+S$ 和$-S$）。

表 6-2　霍尔电流传感器隔离检测直流电流的精度和线性度测试

I_i/A	U_o/V（由 0～U_M）	U_o/V（由 U_M～0）
0.450		
0.900		
1.350		
1.800		

3. 直流电流越限隔离报警实验

本实验的内容是测量出霍尔开关量传感器隔离报警的准确性（精度）。

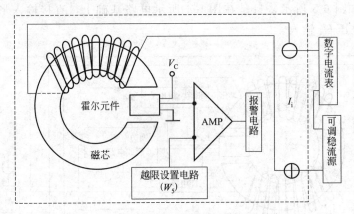

图 6-6　直流电流越限隔离报警实验电路

实验线路如图 6-6 所示，通过越限设置电位器 W_5 依次设置限定（标定）电流，观测报警电路启动工作时的输入电流 I_i。填入表 6-3 中。并计算报警灵敏度。

表 6-3　霍尔开关量传感器隔离报警准确性测量

标定电流 $I_{标}$/A	0.06	0.120	0.180	0.240
输入电流 I_i/A				

【思考题】

（1）如何运用霍尔效应传感直流电压（或电流)？

（2）对实验中使用的可调稳流源有什么样的要求？

（3）分析实验中出现的霍尔失调电压，它们形成的主要原因和消除（减少）的方法。

【参考文献】

[1] 袁希光. 传感器技术手册 [M]. 北京：国防工业出版社，1992.

[2] 瞿华富，张明宪，王维果等. HYS-1 型霍尔效应应用技术综合实验仪 [J]. 物理实验，2005, 25 (6)：20-24.

[3] 施涛昌. 霍尔电流传感器及其应用 [J]. 电器开关，1996 (4)：45-47.

[4] 张玉民，戚伯云. 电磁学 [M]. 北京：科学出版社，2000.

[5] 王植恒，何原，朱俊. 大学物理实验 [M]. 北京：高等教育出版社，2008.

[6] 瞿华富，唐涛. 基于霍尔效应的可调式直流电压传感器的研制 [J]. 四川大学学报：自然科学版，2006(6):1300-1304.

霍尔传感器法测定磁阻尼系数和动摩擦系数

磁阻尼是电磁学中的重要概念,在各物理领域都有极其广泛的应用,但直接测定磁阻尼力大小的实验很少。本实验设计使用了先进的集成开关型霍尔传感器(简称霍尔开关)测量磁性滑块在非铁磁质良导体斜面上下滑的速度,经过数据处理,能同时求出磁阻尼系数和滑动摩擦系数。实验方法和数据处理技巧,对培养学生的能力是十分有用的。

【实验目的】

(1)学习使用集成开关型霍尔传感器来测量时间。

(2)学会把非线性方程转换成线性方程,巧妙处理实验数据的方法。

(3)掌握一种测量磁阻尼系数和滑动摩擦系数的方法。

【实验原理】

磁性滑块在非铁磁质良导体斜面上匀速下滑时,滑块受到的阻力除滑动摩擦力 F_S 外,还有磁阻尼力 F_B。设磁性滑块在斜面处产生的磁感应强度为 B;滑块与斜面接触的截面不变,其线度为 l。当滑块以匀速率 v 下滑时,可看作斜面相对于滑块向上运动而切割磁感应线。由电磁感应定律,在斜面上的切割磁感应线部分将产生动生电动势 $\varepsilon = Blv$,如果把由于磁感应产生的电流流经斜面部分的等效电阻设为 R,则感应电流 I 应与速度 v 成正比,即为 $I = \dfrac{Blv}{R}$,此时斜面所受的安培力 F 正比于电流 I,即 $F \propto I$。而滑块受到的磁阻尼力 F_B 就是斜面所受安培力 F 的反作用力,方向与滑块运动方向相反。由此推出:F_B 应正比于 v,可表达为 $F_B = Kv$(K 为常数,将它称为磁阻尼系数)。因为滑块运动是匀速的,故它在平行于斜面方向应达到力平衡,从而有

$$W\sin\theta = Kv + \mu W\cos\theta \tag{7-1}$$

式中,W 是滑块所受重力;θ 是斜面与水平面的倾角;μ 为滑块与斜面间的滑动摩擦系数。若将方程(7-1)的两边同时除以 $W\cos\theta$,可得方程

$$\tan\theta = \frac{K}{W} \cdot \frac{v}{\cos\theta} + \mu \tag{7-2}$$

显然，$\tan\theta$ 和 $\dfrac{v}{\cos\theta}$ 呈线性关系。作 $\tan\theta$-$\dfrac{v}{\cos\theta}$ 图，求得斜率和截距。从而求得磁摩擦系数 μ。

$$K = 斜率 \cdot W \tag{7-3}$$
$$\mu = 截距 \tag{7-4}$$

【实验装置】

实验装置如图 7-1 所示。在图 7-1 中，1 是霍尔开关用计时仪（它由 5V 直流电源和电子计时器组成）；2 是铝制槽型斜面，可通过夹子 M 的上下移动来调节斜面与水平面的夹角 θ，在斜面的反面 A 和 B 处各装 1 个霍尔开关，用计时仪可测量滑块通过 A 和 B 的时间；3 是调节斜面横向倾角的螺钉，适当调节 3，可保证磁性滑块在斜面下滑时不偏离；4 为重锤，用它帮助确定 L 和 H 的值；5 是磁性滑块，它是在圆柱形非磁性材料的一个滑动面上粘一薄片磁钢制成的，因而在这一面附近的磁感应强度较强。而另一面附近的磁场很弱，以至可以忽略不计。为了区别，将强磁场面涂成蓝色，弱磁场面涂成黄色。

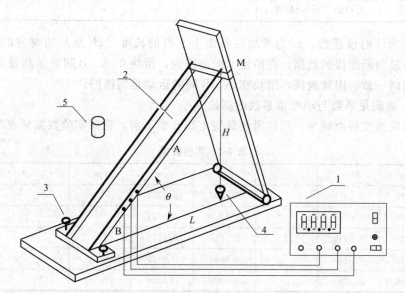

图 7-1　实验装置

1—霍尔开关用计时仪；2—铝制槽型斜面；3—螺钉；4—重锤；5—磁性滑块

将 3M 型胶带分别粘于磁性滑块的两滑动面上和铝质斜面上，对其动摩擦系数进行研究。

【实验内容与步骤提示】

根据要求制作完成实验装置，安装调试正常后，进行以下实验内容。

1. 磁阻尼现象的观察与实验条件的获得

调节 M，使斜面具有某一倾角，调节螺钉 3，保证滑块下滑时不往旁边偏离。将滑块蓝面（有磁铁的一面）朝下，此时不仅存在滑动摩擦力，而且还存在着磁阻尼力。

在约 $20°<\theta<45°$ 的范围内达到滑块能匀速下滑的实验条件。对于同一 θ 值，让滑块从不同高度滑下，由通过两传感器的时间相同，来说明滑块在 A 和 B 间的运动是匀速的。实验测试结果填入表 7-1 中。

表 7-1　实验测试结果

斜面的倾角			滑块从不同高度处通过 A、B 两点的时间 T/s				
L/m	H/m	$\theta/(°)$	C_1	C_2	C_3	C_4	C_5
0.8810	0.6075	34.59					
0.9020	0.5770	32.60					
0.9310	0.5450	30.61					
0.9380	0.5140	28.72					
0.9580	0.4790	26.57					

T 为计时仪读数，L 为滑块在斜面上下滑的长度，H 为 L 所对应的高度。可以通过判断测得的数据，在给定 θ 的范围内，滑块在 A、B 间的运动是否在误差范围内一致，因此验证，滑块在 A、B 间的运动是匀速的。

2. 磁阻尼系数与动摩擦系数的测量

依次改变斜面倾角，磁性滑块放置上端开始下滑，记录实验数据到表7-2中。

表 7-2　实验数据

L/m	H/m	T/s	$\tan\theta$	$\cos\theta$	$v/(m/s)$	$v \cdot (\cos\theta)^{-1}/(m/s)$
0.8810	0.6075		0.6896	0.8232		
0.9020	0.5770		0.6397	0.8424		
0.9210	0.5440		0.5917	0.8606		
0.9380	0.5140		0.5480	0.8770		
0.9580	0.4790		0.5000	0.8944		

测量滑块质量 $m=$ _____ kg。图 7-1 中 AB 两点间的距离为常数。实测得 AB 间的距离平均值为 _____ m。用最小二乘法进行数据计算，求磁摩擦系数 K 和滑动摩擦系数 μ。

$K=$ 斜率 $\cdot W=$ _____N·s/m（或 kg/s）

$\mu=$ 截距 $=$ _____

【思考题】

（1）明确磁阻尼概念，列举磁阻尼现象和它的各种应用。

（2）说明本实验中为什么采用霍尔传感器（简称霍尔开关）测量速度。

（3）如何获得实验所需要的条件？

【参考文献】

［1］　张逸，章企，陆申龙．集成开关型霍尔传感器的特性测量和应用［J］．大学物理实验，2000，13（2）：1-4.

［2］　贾玉润等．大学物理实验［M］．上海：复旦大学出版社，1987.

［3］　方佩敏．新编传感器原理应用［M］．北京：电子工业出版社，1994.

［4］　游海洋，赵在忠，陆申龙．霍尔位置传感器测量固体材料的杨氏模量［J］．物理实验，2000，20（8）：47-48.

［5］　陆申龙，张平．用集成开关型霍尔传感器测量周期的新型焦利秤的研制［J］．实验技术与管理，2001，2（4）：119-122.

基于霍尔效应的角位移传感器设计与制作

应用霍尔效应实现了对角度改变的显示，把一个非电量转换成电量输出，使得对角度的测量和自动控制容易实现。指导学生利用霍尔元件制作了角位移传感器演示装置，不仅拓展了《霍尔效应测磁场》这一大学物理实验的内容，而且加强了物理实验在工程技术应用的实现和训练。

【实验目的】

（1）初步认识传感器在工业上应用的原理和作用。

（2）学会利用霍尔元件制作角位移传感器演示装置。

（3）加强物理实验在工程技术应用的实现和训练。

【实验原理】

由物理学可知，当电流 I_C 通过半导体片时，若在垂直于电流 I_C 的方向施加磁场 B，则半导体片两侧面会出现横向电位差，如图 8-1 所示。当电子所受到的洛伦兹力（f_L）与电场力（f_E）二力作用平衡时，电子的积累便达到了动态平衡。这时在两横端面之间建立的电场称为霍尔电场 E_H，相应的电压称为霍尔电压 V_H，其大小可表示为 $V_H = \dfrac{R_H I_C B}{d}$，式中 R_H 为霍尔常数，令 $K_H = \dfrac{R_H}{d}$，可得

$$V_H = K_H I_C B$$

由上式可知，当电流 I_C 一定时，霍尔电压与磁感应强度 B 成正比，当磁感应强度 B 和半导体片平面法线 n 成一定角度 θ 时（见图 8-2），实际上作用于半导体片的有效磁场是其法线方向的分量，即 $B\cos\theta$，这时的霍尔电压输出为

$$V_H = K_H I_C B\cos\theta$$

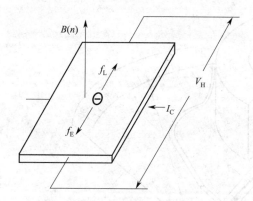

图 8-1　霍尔效应原理

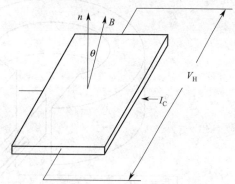

图 8-2　霍尔电压输出与磁场角度的关系

【实验装置制作与安装】

材料：永久磁铁、厚度为 5mm 和 10mm 有机玻璃板、ϕ2mm、ϕ6mm 和 ϕ15mm 有机玻璃棒、三氯化甲烷（氯仿）、胶黏剂、开关导线、电阻电容、集成放大器、数显表头、电源变压器等电子元件。

用一段 ϕ6mm 有机玻璃棒做演示仪的旋转轴 2，一端用氯仿粘接 ϕ15mm 有机玻璃棒（长约 20mm）作为旋转手轮 1，另一端用锯锯出槽口，镶嵌上霍尔片（或称半导体片）6，霍尔片四根引线 7，用胶黏剂粘贴在转轴上，经信号连接线到测试仪的各个端口。用 ϕ2mm 有机玻璃棒做指针 5，锉尖一头，另一头粘接在转轴上，要求指针和霍尔片在空间处于同一平面内。转轴由两个支撑架 3 和 4 支持，支撑架全部由厚度为 10mm 的有机玻璃板加工而成，中间钻 ϕ6mm 孔，其中支撑架 4 是半圆形的，上边带有刻度，这样通过指针在刻度盘的位置，就可确定霍尔片在磁场转过的角度。两支撑架最终用氯仿固定在厚度为 5mm 的有机玻璃板上。角度传感演示仪如图 8-3 所示。

【实验内容与步骤提示】

根据要求制作完成实验装置，安装调试正常后，进行以下实验内容。

按图 8-3 连接霍尔式角位移传感器演示仪，开通测试仪电源后，首先旋转 I_C 调节钮，设置霍尔片工作电流值 I_C，然后再调节灵敏度旋钮，使得随角位移变化的霍尔电压在可显示范围内。转动旋转手轮，使霍尔片在磁场中的位置：依次从与磁场磁力线平行位置（角度指示器 $-90°$）——与磁场磁力线垂直位置（角度指示器 $0°$）——与磁场磁力线平行位置（角度指示器 $90°$）方向旋转。中间可多取几个特定位置，例如 $\pm15°$，$\pm30°$，$\pm45°$，…。列表 8-1 分别记录这些位置的霍尔电压，并在 X-Y 坐标作霍尔输出电压与角位移关系曲线，见图 8-4。

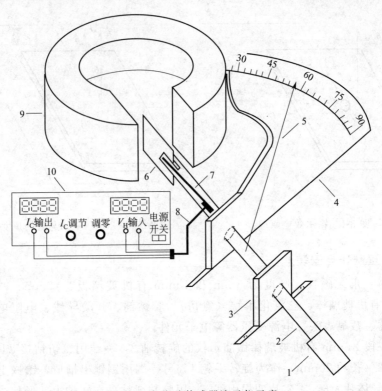

图 8-3　角位移传感器演示仪示意

1—旋转手轮；2—旋转轴；3—支撑架；4—附有度盘的支撑架；5—指针；6—霍尔片；

7—霍尔片引线；8—信号连接线；9—永久磁铁；10—测试仪面板

表 8-1　数据记录

$I_C =$ _____ mA　　　　$B =$ _____ GS

角度/(°)	−90	−75	−60	−45	−30	−15	0.0	15	30	45	60	75	90
霍尔电压/mV													

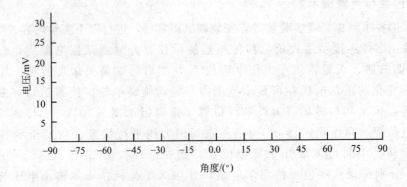

图 8-4　霍尔输出电压与角位移关系曲线

【思考题】

（1）说明采用霍尔元件制作角位移传感器的可能和使用特点。

（2）装置部分在选材、制作、安装、调试都有什么要求和难点？

（3）如何改善本装置输出 $V_H \sim \varphi$ 曲线的非线性度。

【参考文献】

[1]　赵凯华．电磁学．第 2 版．上册．[M]．北京：高等教育出版社，2005.

[2]　杨述武．普通物理实验[M]．北京：高等教育出版社，2000.

[3]　马文蔚，解希顺，谈漱梅，柯景风．物理学．第 4 版．上册．[M]．北京：高等教育出版社，2003.

[4]　刘昊，彭光正，郭海蓉．灵巧手中霍尔传感器测角精度的仿真研究．仪器仪表学报，2010，31（10）：2254-2259.

[5]　张梦，吴克刚，朱庆功，基于霍尔效应的车用角位置传感器线性化研究．汽车零部件，2013，6：83-85.

集成开关型霍尔传感器
的特性参数测量和应用

随着人类社会的发展，霍尔传感器在工业生产、科学研究以及社会生活等领域中有着广泛的应用。霍尔元件是一种利用霍尔效应把磁信号转变为电信号，以实现信号检测的半导体器件。具有响应快、工作频率高、功耗低等特点。集成开关型霍尔传感器是将霍尔器件、硅集成电路、放大器、开关三极管集成在一起的一种单片集成传感器，可作为开关电路满足自动控制和检测的要求，如应用于转速测量、液位控制、液体流量检测、产品计数、车辆行程检测等，它在物理实验的周期测量中也有许多应用。

【实验目的】

(1) 学习和掌握集成开关型霍尔元件基本特性参数的测量。

(2) 了解和掌握集成开关型霍尔元件在转速测量及液位控制等方面的应用。

【实验原理】

集成开关型霍尔传感器工作原理如下。

集成霍尔传感器是在制造硅集成电路的同时，在硅片上制造具有传感器功能的霍尔效应器件，因而使集成电路具有对磁场敏感的特性。集成开关型霍尔传感器是把霍尔器件的输出电压经过一定的阈值甄别处理和放大，而输出一个高电平或低电平的数字信号。基本电路如图 9-1 所示。

在输入端输入一个电压 U_{CC}，经稳压器稳压后加在霍尔元件两端，当霍尔元件处于磁场中时，在垂直电流的方向产生霍尔电势差，再经放大器将该电势差放大后输给施密特触发器，由触发器整形，使其成为脉冲或方波输出给开关型三极管，这样就组成一个集成开关型霍尔传感器。在实际测量过程中，集成开关型霍尔传感器（如型号 UGN3144）在 1、3 两端间需接一个 $2k\Omega$ 的电阻（如图 9-2 所示）。当施密特触发器输出的脉冲电压到达某一高电平时三极管导通，则 2、3 间的电压几乎降为零，即使得 OC 门输出端 3 输出低电平。反之同样，施密特触发器输出脉冲小于另一值时，三极管截止，2、3 间的电压基本与输入电压 U_{CC} 相

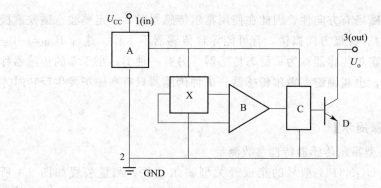

图 9-1　集成开关型霍尔传感器基本电路

A—稳压器；B—放大器；C—施密特触发器；D—开关型三极管；

X—霍尔元件；U_{CC}—输入电压；U_o—输出电压

同，即输出高电平。

集成开关型霍尔传感器的主要特性是输出电压 U_o 与霍尔元件感应面所在位置的磁感应强度 B 有关系，如图 9-3 所示。基于上述原理，电源输出电压 $U_{CC} = V_{CC}$。磁感应强度 B 由零开始增加，而输出电压 U_o 保持在一个与 V_{CC} 相近的高电平 V_{OH}。当 B 增加到 B_{OP} 时，霍尔电压足够大，使输出电压发生突降，输出电平低电平 V_{OL}。B_{OP} 称为工作点。B 继续增大，输出电压保持在低电平。相反，B 由大于 B_{OP} 开始下降，输出电压为 V_{OL}。当 B 减小到 B_{RP} 时，霍尔电势差不足以触发施密特触发器，输出电压突然跳回 V_{OH}，B_{RP} 称为释放点。为使传感器输出稳定，一般 B_{OP} 与 B_{RP} 的差值一定，此差值称为磁滞，用 B_H 表示。

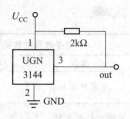

图 9-2　实际测量电路

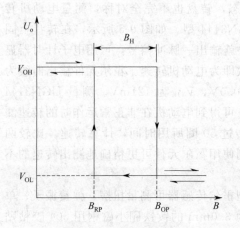

图 9-3　输出特性曲线

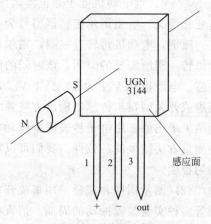

图 9-4　测量示意

注意：由于磁场有方向性，因此在使用霍尔传感器时，一定要注意磁铁磁极的方向，见图 9-4。磁极方向搞错，有可能导致传感器不工作。这种 B_{OP} 与 B_{RP} 都大于零的集成霍尔传感器称为单稳态传感器。另有一种 B_{RP} 小于零的传感器称为双稳态传感器，也叫锁键型霍尔传感器。该种传感器只有在磁场发生反转时才会发生跳变。

【实验内容与步骤提示】

1. 集成开关型霍尔传感器特性参数测量

本实验采用 UGN3144 型号的集成开关型霍尔元件，测量装置如图 9-4 所示。在 1、2 引脚之间接一个可调电源，在 1、3 引脚之间接 $R = 2k\Omega$ 电阻，并在 2、3 引脚之间接电压表测量电压。将直径为 6mm 的磁钢靠近传感器感应面，测量其电参数和磁参数，测量结果填入表 9-1 中。测量电压的仪器可选用四位半数字电压表，测量磁感应强度的仪器可选用数字式毫特仪。

表 9-1　电磁参数测量值

电参数测量数据		磁参数测量数据		
参数	电压值	参数	测试条件	磁感应强度
电源电压 V_{CC}		工作点磁感应强度 B_{OP}	$V_{CC}=12V$ $R=2k\Omega$	
输出高电平 V_{OH}		释放点磁感应强度 B_{RP}	$V_{CC}=12V$ $R=2k\Omega$	
输出低电平 V_{OL}		磁滞 B_H	$V_{CC}=12V$ $R=2k\Omega$	

2. 开关型霍尔传感器的应用

（1）测量马达转速　测量装置为额定电压为 127V 的可逆电动机，实际输入电压 125V。且电动机处于非正常运作状态，转盘也不完全对称，测量电动机转速变化情况。所用霍尔传感器型号为 UGN3144 型。如图 9-5 所示，在转盘上固定一磁钢，电动机每转过一圈，霍尔元件就输出一脉冲信号，可用电子计时器显示每转一圈所需要的时间，该时间的倒数即为电动机转速。霍尔元件输出曲线为方波。电源电压 V_{CC} 为 10.0V，V_{on} 为 10.0V，V_{OL} 为 121mV。测量 UGN3144 型集成开关型霍尔传感器输出方波频率，可得到电动机在非正常运作时的转速测量结果平均值。用电子秒表测量电动机转过 50 圈所用时间，计算转速。比较两种测量方法结果的一致性。我们可以看到使用霍尔元件可更精确地测出转速的不均匀程度。

（2）测量周期和流量　用集成开关型霍尔传感器可测量扭摆、弹簧振子、单摆等多种实验装置振动的周期。把直径为 3.0mm 的钕铁硼小磁钢用 504 胶粘贴在转动惯量测量仪器的转盘上，用来操控电子计时器测量转动部件运动的周期，得到的结果与秒表测量结果相当一致，而测量准确度比手工操作要高。集成开关型霍尔传感器还被用于流量的检测，通过对流量计内液轮（转轮上有两个小磁钢）转动圈数的测量，可算出液体的流量（即用户用去的水量）。这种装置可以预计净水器过滤膜是否需要更换等。

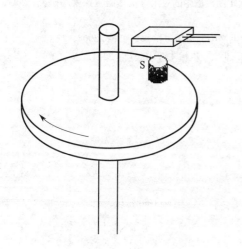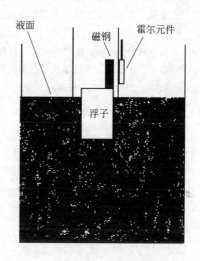

图 9-5　测量电机转速示意图　　　　图 9-6　浮子式液位控制装置

　　（3）浮子式液位控制　实验装置如图 9-6 所示。所用霍尔传感器型号为 UGN3144 型。可选用四位半数字式电压表测 V_{CC}；测出所用圆片式磁钢的直径，用数字式毫特计测圆片式磁钢表面磁场强度。磁钢随液面浮动，霍尔元件处在固定高度。当液面上升，磁钢接近传感器使其输出电压发生跳变，输出电压 V_{OL}；当液面下降，磁钢远离传感器到一定程度，使其输出电压再次发生跳变，即输出电压回复到 V_{OH}。因此，只要在霍尔元件输出端接一控制电路，就可达到控制液位的目的。与光敏传感器相比，霍尔传感器的优点在于，只要不是磁介质管壁它都能工作。

　　根据实验提示和图 9-4～图 9-6 的示意，选择器材和元件，安装调试，测量实验结果。归纳集成霍尔开关型传感器与机电开关相比所具有的特点。进一步了解它在键盘、报警、通信、印刷、汽车点火器、自动控制和自动监测设备中的应用。熟练掌握它的无触点、无火花、使用寿命长、不产生干扰声等明显优点，为今后的工作打好基础。

【思考题】

　　（1）说明集成开关型霍尔传感器工作原理，以及 UGN3144 的技术参数。

　　（2）如何使用集成开关型霍尔传感器实现物理量测控？

　　（3）设计应用集成开关型霍尔传感器的流量计，画出示意图。

【参考文献】

［1］ 张量华等译．传感器应用［M］．北京：中国计量出版社，1992．

［2］ 方佩敏．新编传感器原理、应用、电路详解［M］．北京：电子工业出版社，1994．

［3］ 何希才．传感器及其应用电路［M］．北京：电子工业出版社，2001．

［4］ 焦丽凤．集成开关型霍尔传感器在测量物体转动惯量中的应用［J］．实验室探索与研究，2000 (5)：57．

［5］ 毛君，刘佳，潘妮．霍尔传感器及其在工业生产中的应用［J］．煤矿机械．2006，27（2）．

［6］ 何希才，薛永毅．传感器及其应用实例［M］．北京：机械工业出版社，2004．

偏心振动式磁感应转速测量实验

常用的转速测量装置主要有激光式、电机感应式、电容式等各式速度传感器。这些装置的测量范围都比较大，精度一般都很高，而且操作方便，但是对材料的要求比较高，内部的结构比较复杂。本实验通过设计一种新型的测量方法，利用偏心轮振动的特点将电机的转速转变为杆的横向振动，通过测量横向振动的周期直接得到转速，过程更加鲜明生动。将物理学中的圆周运动、偏心运动、机械振动、电磁感应知识结合在一起，有利于让学生了解物理知识在实验测量中的运用。

【实验目的】

（1）学习偏心振动式磁感应测速的原理。

（2）尝试用物理思想实现对技术参数的测量。

（3）训练综合运用物理知识的能力。

【实验原理】

本实验装置，首先利用偏心转动的特点，将电动机的圆周运动转化为导体（铜棒）的机械振动，从而带动导体棒切割磁力线产生感应电动势，然后将产生的交变信号接入示波器，通过示波器上显示的波形可测出其频率，该频率与电动机转动的频率相等，由此计算出待测电动机转速，实现对电动机转速的测量。

偏心运动：中心轴的旋转带动偏心轴的转动，通过小滑轮和横杆装置，控制偏心轴作前后的运动，带动铜棒在水平方向做周期性的机械振动。

电磁感应：将作周期运动的铜棒放入恒定的磁场，依据法拉第电磁感应定律，在铜棒中就可以产生周期性的感生电动势，通过示波器就可以测得其频率。

【实验装置】

装置示意如图 10-1 所示，主要包括示波器、偏心转轮、磁铁、光电门。示波器用来读取最后的频率，从而得到角速度；偏心轮可以将电机的圆周运动转化为横杆的水平振动；磁铁用来产生感应信号，从而将机械的振动转为电信号；光电门用来做对比试验。

装置中的核心部分是偏心轮，其中包括偏心转子、支撑滑轮、振动框。偏心转子可以将电机的圆周运动转为偏心轴的偏心运动，通过支持滑轮支撑的振动框，可以将圆周运动转化横向振动，通过电磁感应，产生的电信号最后传送到示波器，即可以得出电机的转速。该仪器只需要打开开关，即可从示波器上读出电机转动的频率，从而可以算出转速。光电门在此起对比作用。

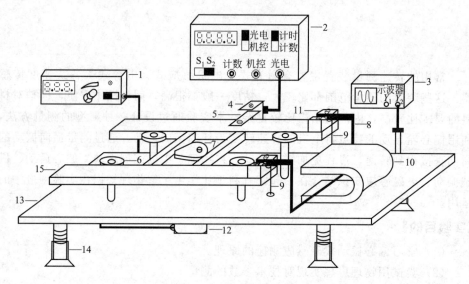

图 10-1　实验装置示意

1—电动机控制器；2—计时-计数-计频仪；3—示波器；4—光电门；5—遮光板；

6—支撑滑轮（4个）；7—偏心转子；8—铜棒；9—铜棒两端引线（接示波器）；10—磁铁；

11—固定铜棒用绝缘胶木块；12—电动机；13—底座；14—底座可调螺母；15—振动框

【实验内容与步骤提示】

根据实验要求组织、安装、调试实验装置，熟悉各部分功能和仪器使用，正确连接仪器和各部分的接插线。检查支撑滑轮与振动框之间运动是否顺畅，铜棒在磁场中的位置是否合适，遮光板是否能有效触发计时-计数-计频仪是否正常工作。测试数据填入表 10-1 中。

表 10-1　测试数据

	测量次数	1	2	3	4	5	6
电动机转速 1	示波器/Hz						
	光电门/T						
	光电门/Hz						
	误差/%						

续表

测量次数		1	2	3	4	5	6
电动机转速2	示波器/Hz						
	光电门/T						
	光电门/Hz						
	误差/%						
电动机转速3	示波器/Hz						
	光电门/T						
	光电门/ Hz						
	误差/%						

　　分析本实验方法的测量精度、误差产生的原因（考虑：装置各部件之间相互连接点处是否产生摩擦力，其主要误差是否来自于振动框的重量）。

【思考题】

　　（1）如何将圆周运动转化为往复直线运动？工程上和日常生活中都有哪些应用？

　　（2）比较几种常用测量速度的方法，说明各自的特点。

　　（3）制作本实验装置应该在选材、安装、调试中应注意什么？

【参考文献】

［1］ 丁益民，徐扬子．大学物理实验［M］．北京：科学出版社，2008．

［2］ 漆安慎，杜婵英．力学［M］．北京：高等教育出版社，2005．

［3］ 梁灿彬．电磁学［M］．北京：高等教育出版社，2004．

［4］ 张倩影，邓智泉，杨艳．无轴承开关磁阻电机转子质量偏心补偿控制［J］．中国电机工程学报，2011(21)．

［5］ 施富国．法拉第电磁转动试验装置的改进［J］．物理实验，2012(5)．

［6］ 黄华，王茂松，俞锦璟，居晨阳．电磁感应式转速传感器特性及应用分析［J］．汽车维护与修理，2010(11)．

［7］ 王素红等．基于示波器使用的系列拓展实验研究［J］．大学物理实验，2012，1(12)：30-34．

［8］ 吴功涛等．基于数字示波器的傅里叶分析实验的开发［J］．大学物理实验，2012，5(14)：44-46．

电磁感应与磁悬浮力实验

　　磁悬浮技术是集电磁学、电子技术、控制工程、信号处理、机械学、动力学为一体的典型的机电一体化技术（高新技术），随着电子技术、控制工程、信号处理元器件、电磁理论及新型电磁材料的发展和转子动力学的进展，磁悬浮技术得到了长足的发展。

　　利用电磁感应实验装置，开设电磁感应与磁悬浮力、电磁感应与各种材料的关系和电磁感应中感应电场及能量的转换等内容的实验，较好地演示了电磁感应和磁悬浮相关原理。

【实验目的】

　　（1）学习和掌握电磁感应和磁悬浮相关原理。

　　（2）通过选择材料、制作调试实验装置来训练实际动手能力。

　　（3）学习在实验中分析问题、解决问题的能力。

【实验装置】

　　电磁感应实验装置由线圈、软铁棒和电源等组成，如图 11-1 所示。准备和制作表 11-1 所需的实验配件及用品。

表 11-1　实验配件及用品

实验配件及用品	规　格　和　要　求
铝　　环	直径 30mm 铝环两只，其中一只有切割的缝隙；等厚但直径 25mm 铝环一只
铜（铁钢）环	直径 30mm 黄铜环、纯铜环、软铁环、钢环和塑料环各一只
铜线绕成的线圈环	在线环上接有小电珠
其他	游标卡尺一把，电子天平一台

【实验内容与步骤提示】

　　根据要求制作完成实验装置，安装调试正常后，进行以下实验内容。

　　（1）小铝环套在电磁感应实验装置的软铁棒上，接好连接线。将电磁感应实验装置的电源调到零电压的输出位置，合上交流挡开关，通过电压挡位选择开关

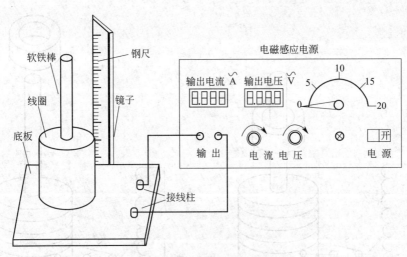

图 11-1　电磁感应实验装置示意

和电压细调旋钮，逐渐增大输出电压，观察小铝环运动现象，若突然增大输出电压观察小铝环运动现象；用相同尺寸的黄铜环和纯铜环重复上述实验，观察现象并记录。

（2）用电子天平称出上述 3 个小环的质量，用游标卡尺测量小环的直径和高度，算出体积，找出小环上升高度不同的原因。

（3）将小软铁环套在电磁感应实验装置的软铁棒上，重复实验内容（1）的操作，观察现象，试解释原因。

（4）用塑料环和有缝隙的小铝环重复实验内容（1）的操作，观察现象。试分析若有缝隙的小铝环焊上一根铜线将会有什么变化。

（5）取小钢环套入软铁棒，其圆心和软铁棒的中心处于偏心状态，打开电磁感应实验装置的电源开关，会发现小钢环发生振动，偏心量逐渐扩大，直到钢环的环壁碰到软铁棒为止。解释这种现象。

（6）在做实验内容（1）的过程中，电磁感应实验装置的软铁棒和套入的金属小环会发热，请解释原因。

（7）实验时用铜线绕成的线圈环套入软铁棒，观察线圈环中的小电珠发光，并解释其亮度随线圈环离软铁棒的距离变化原因。

【实验现象与问题探讨】

1. 电磁感应与磁悬浮力

小铝环套在电磁感应实验装置的软铁棒上，接好连接线。将电磁感应实验电源调到零电压的输出位置，合上交流挡开关，逐渐增大调压变压器的输出电压，小铝环将逐渐上升，并悬浮在软铁棒上，如图 11-2 所示。

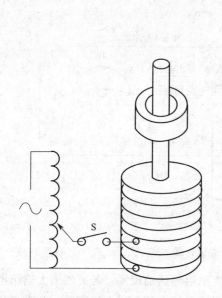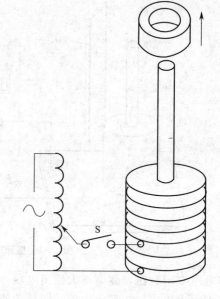

图 11-2　小铝环悬浮于软铁棒上　　　　图 11-3　小铝环跳出软铁棒

同理纯铜环也会悬浮在软铁棒上。若从静止开始，突然加大螺线管两端电压，铝环还会从软铁棒中跳出，如图 11-3 所示。根据实验现象和观测的结果，分析和讨论电磁感应与磁悬浮力的关系。

通常所说的磁悬浮列车之一的电磁感应形式，就是利用磁悬浮列车两侧安装的电磁铁极性同地面设置的线圈产生的磁场极性总保持相同，产生的磁力排斥作用，使整个列车悬浮起来。另外，铁轨两侧也装有线圈，交流电使线圈变为电磁体，它与列车上的电磁体相互作用，使列车前进。

2. 电磁感应与导体材料的关系

用同体积的黄铜环和纯铜环重复实验内容（1），发现在电压相同的情况下，这 3 只小环在软铁棒上所处的高度都不同，位置由高到低依次为纯铜环、铝环、黄铜环。

体积相等的小环质量从重到轻依次为纯铜环、黄铜环、铝环。而上升高度由高到低依次为纯铜环、铝环、黄铜环，最重的纯铜环反而上升最高。可见在此实验中重力不起主导作用，那么起主导作用的是什么力？请分析计算验证实验结果。

3. 电磁感应与其他材料的关系

将小软铁环套在电磁感应实验装置的软铁棒上，重复实验内容（1）的操作，发现小软铁环悬浮于软铁棒上，用手将其套在软铁棒的任意高度的位置，小软铁环都会被软铁棒吸在此位置。这是什么原因？

用塑料环和有缝隙的小铝环重复实验内容（1）的操作，发现塑料环和有缝隙的小铝环都不会悬浮于软铁棒上，这是什么原因？若在铝环的缝隙处焊上一根铜线，铝环仍然不会悬起，这又是什么原因引起的？

4. 电磁感应中感应电场及能量的转换

观测到的那些实验现象和结果，是由于电磁感应中感应电场及能量的转换，分析讨论。

5. 可以继续探讨的事情

上述实验都是各种材料小环在软铁棒中进行的实验，若这些小环在其他材料（如铜棒）中悬浮，实验效果如何？用半径或质量不同的铝环重复实验，得到什么样的悬浮效果？实验过程中观察到：用手将小环保持在某一高度时的电流不同，说明此时什么发生了变化？影响的因素是什么？

【思考题】

（1）如何解释磁悬浮现象？

（2）实验中小铝环受到的力与线圈电流频率之间的关系是什么样的？

（3）影响小铝环悬浮性能的因素有哪些？

【参考文献】

［1］ 张士勇. 磁悬浮技术的应用现状与展望［J］. 工业仪表与自动化装置,2003(3):63-65.

［2］ 沈元华,陆申龙. 基础物理实验［M］.北京:高等教育出版社,2003.

［3］ 郭宇虹.多功能电磁感应实验仪的制作及悬浮现象解析［J］.龙岩学院学报,2005,23(6):47-49.

［4］ 张继荣.电磁感应理论在磁悬浮列车中的应用［J］.物理实验,2002,22(10):38-41.

［5］ 徐明奇,乔红华,张雪明等.磁悬浮轨道交通演示模型的研制［J］.物理实验,2007,27(11):21-25.

［6］ 沈元华.设计性研究性物理实验教师用书［M］.上海:复旦大学出版社,2004.

［7］ 严导淦.物理学(下册)［M］.第 3 版.北京:高等教育出版社,2004.

磁热效应演示实验

人们从发现磁热效应之初，就有了利用磁热效应开发研究磁制冷技术的愿望，但由于受作为工作物质的磁性材料的限制，磁制冷技术一直在低温区徘徊。随着人们对磁性材料研究的逐步深入，尤其是纳米磁性材料的出现，室温（高温）磁制冷技术也得到了蓬勃发展，它在居室空调、汽车空调、航空航天器空调以及家庭食品和超市食品的冷冻冷藏等方面，都有着广阔的应用前景和巨大的市场潜力。我们设计了磁热效应演示实验，希望能通过简单方便的实验激发学生对新材料、新技术的兴趣，满足教学与时俱进的需要。

【实验目的】

（1）了解和学习磁热效应原理和技术应用。

（2）使用纳米磁流体为工作物质设计室温下磁热效应演示实验。

（3）激发学生对新材料、新技术的兴趣，培养学生的创新思维能力。

【实验原理】

磁热效应（MCE）是 1881 年发现的，它是指顺磁体或软铁磁体在外磁场的作用下等温（或绝热）磁化时会放出热量，而在去磁时会吸收热量的现象。磁热效应是所有磁性材料的固有本质，它是由此类物质的微观结构决定的。根据玻尔兹曼统计，当系统受外磁场作用时，粒子的角动量和磁矩取向在各能级状态上分布的概率

$$P(m_j) \propto \exp\left[\frac{-g\mu_B m_j B}{kT}\right]$$

式中，g 是朗德因子；μ_B 是玻尔磁矩；m_j 是磁量子数，取值有 $2j+1$（其中 j 为系统总量子数）；B 是外磁场磁感强度；k 为玻尔兹曼常量，T 是系统的温度。

在这个过程中系统的磁熵变 $\Delta S \approx -Nk\ln(2j+1)$；而系统放出（或吸收）的热量 $\Delta Q \propto \Delta S$。可见，外磁场越大，温度越低，系统的熵变越大，磁热效应越显著。从理论上说，只要工作物质能够发生磁相变，就会产生磁热效应。但是，室温磁热效应并不容易实现，因为磁热效应是靠磁相变来实现的，而磁熵变

较大的磁性材料，磁相变温度（居里点）很低，在室温下无法演示。而且，一般来说，磁性系统的有效熵为磁熵、晶格熵和电子熵之和。在低温条件下，晶格熵和电子熵可以忽略，系统磁熵的变化相对较大，磁制热效果比较明显；室温条件下，磁性系统的电子熵可以忽略，而晶格熵不可忽略，它在磁制热过程中会变成额外的热负荷，使有效熵减小，相变时的磁熵变随之减小，因此，室温下磁制热现象很不明显。纳米磁流体材料能满足室温下演示磁热效应对工作物质的要求，且材料是现成的，正在被其他实验所使用。纳米磁流体材料是磁流体技术与纳米技术相结合的产物，它是由单分子层（2nm）表面活性剂裹覆的，直径小于10nm 的单磁畴磁性粒子高度扩散在某种液体载体中，形成的固、液两相胶体溶液。它既具有磁性材料可被磁化的特性，又具有液体流动性的特点。与固态磁性纳米材料相比，液态载体中的磁性颗粒不仅能通过磁矩转动来实现磁化，还容易通过颗粒的机械转动来实现磁化，从而具有放大磁热效应的作用。另外，它对磁场要求不高，用普通线圈对其进行励磁就可以，不用超导磁体。它还有一个很大的优点是没有磁滞现象，可使退磁过程与励磁过程正好对称，克服固体磁性材料作为工作物质在测量温度时带来的困难。

【实验装置】

演示装置如图 12-1 所示，主要由下列部分组成。

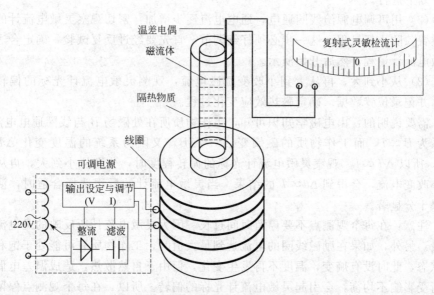

图 12-1　磁热效应演示实验装置示意图

① 可调电源：为线圈提供可变的直流电，电流变化范围 0～2A，电压变化范围 0～250V，目的是可以在不同外磁场条件下，观察磁热效应。

② 加铁芯的励磁线圈：内径为 8cm，外径为 12cm，高为 12cm，为了强化磁场，中间插入铁芯，铁芯上面加固定座以放置试管。

③ 工作物质：纳米磁流体。磁流体装在玻璃试管里。

④ 隔热物质：棉花。用棉花将玻璃试管包好，置于铁芯之上的固定座里。用隔热物质的目的是防止励磁线圈产生的焦耳热干扰演示效果。

⑤ 温差电偶：工作物质虽然用棉花包裹，但线圈在通电后产生的焦耳热，会使整个环境温度都升高，如果测量的是热力学温度，就不能真实反映磁热效应产生的效果，没有说服力。为了消除焦耳热的影响，选用温差电偶进行测温，将温差电偶的冷、热端分别置于隔热物质外壁和内壁，以便比较温差。

⑥ 灵敏电流计：温差电偶靠热电效应来测量温差，由于温差小，产生的热电流也很微弱，必须经过放大才能被观察到，所以我们没有选用电位差计与温差电偶配合使用，而是用灵敏电流计来读出温差的变化。实验表明该方法效果较好。

【实验内容与步骤提示】

根据要求制作完成实验装置，安装调试正常后，进行以下实验内容。

(1) 按图 12-1 选择、制作、组装好实验装置。尤其在磁流体的加注、隔热材料的敷设、温差热电偶的安插、试管部分在软铁上端的安装都要在事先认真周密计划下进行。

(2) 用可调电源给线圈通电，通电电流逐步增加，密切观察灵敏电流计的光标位置，防止超量程。这一步必须仔细调节，首先要经过反复试验，确定合适的灵敏电流计量程，然后开始演示。

(3) 从小到大，再从大到小改变励磁电流，观测灵敏电流计光标的偏转程度，并记录位置数据。确定磁热效应变化过程。

需要说明的：由电磁学知识可知，工作物质所在处磁场 B 与线圈通电电流 I 关系为 $B \propto I$，而工作物质的磁熵变 $\Delta S \propto \Delta B$，又因为系统的温度变化 $\Delta T \propto \Delta S$，所以 $\Delta T \propto I$。观察灵敏电流计光标的偏转程度时，分别从小到大，再从大到小改变电流，会得到 $\Delta \theta \propto I$ 的结果。当灵敏电流计的量程选择合适时，演示效果十分显著。

注意：在每个观测点不要停留时间过长。因为灵敏电流计所反映的是电流的冲量。另外，如果在励磁线圈的电流达到最大值时，工作物质有可能处于饱和磁化状态，此时没有熵变，温度不再发生变化，但由于自然散热，造成温差电偶两端所受影响不均衡，会引起灵敏电流计光标的偏转。所以，在每个观测点停留时间都不要过长，并尽量避免周围空气的流动。

【思考题】

(1) 简述磁热效应的原理和技术应用。

（2）如何选择自制温差热电偶的材料、加工的方法？

（3）在加注磁流体、敷设隔热材料、软铁上端安装试管和安插温差热电偶的过程中，都要注意些什么？

【参考文献】

［1］ 张艳,高强,俞炳丰等．室温磁制冷研究新动态及应用[J]．制冷与空调,2005,5(4):1-8.

［2］ 戴闻,沈保根,胡凤霞等．磁制冷研究中的物理问题[J]．中国科学基金,2000,14(4):216-220.

［3］ 刘爱红．熵与绝热去磁制冷的物理原理[J]．物理与工程,2001,11(2):35-37.

［4］ 王贵,张世亮,赵仑等．磁制冷材料研究进展[J]．稀有金属材料与工程,2004,33(9):897-901.

［5］ 国秋菊,郑少华,陶文宏．纳米磁流体及其应用[J]．企业技术开发,2005,24(7):8-10.

［6］ 顾红,王选逮．磁流体技术及发展方向综述[J]．昆明理工大学学报,2002,27(1):55-57.

磁性液体表观密度随磁场变化
测量装置的设计和应用

磁性液体是由表面活性剂包覆的，直径小于 10nm 的单畴磁性纳米颗粒均匀分散在载液中而形成的一种固液两相胶体溶液，是一种液态功能材料，在重力和磁场力作用下，不凝聚也不沉淀。在无外磁场作用时，本身不显磁性，其磁滞回线是一条通过坐标原点的 S 形曲线；在有外磁场作用时，磁性液体可以对磁场做出响应，受磁场的控制，在磁场作用下，磁性液体被吸引到磁场强的方向，而磁性液体中的非磁性物体反而向磁场弱的方向移动，也就是磁性液体不同液层的表观密度不同。

目前高校物理实验中的密度实验仍是对固体、液体等介质的测量，不能引起学生的兴趣。本实验根据磁性液体在磁场中的性质，将科研成果浓缩并融入基础实验教学，利用自制的磁性液体研制出测量固、液两相胶体溶液磁性液体表观密度的测量装置，不仅能测量磁性液体中不同液层的表观密度，也能测量磁性液体中某点的表观密度随磁场变化的规律。可以起到开阔学生视野、启迪学生创新思维的作用。

【实验目的】

（1）学习和掌握磁性液体表观密度的测量方法和测量原理。

（2）认识和掌握磁性液体在不同液层的表观密度和不同磁场的表观密度下的主要性质。

（3）增加新奇感，启迪创新思维，培养学生的科学素质。

【实验装置】

磁性液体表观密度测量实验装置如图 13-1 所示，该测量装置主要由单秤盘天平和电磁铁构成。单秤盘天平上有位置标尺，天平一侧为非铁磁材料的测锤，另一侧为单秤盘，测锤用细丝悬挂在细长玻璃容器的磁性液体中。在箱体内装电磁铁，由直流电提供恒定非均匀磁场，并通过转换开关调整磁场方向。该测量装置既能测量某点磁性液体表观密度随磁场变化情况，又能测量不同液层磁性液体表观密度的变化情况。

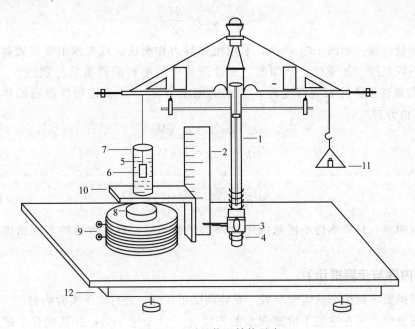

图 13-1　测量装置结构示意

1—天平；2—标尺；3—升降梯型螺母；4—升降梯型螺杆；5—磁流体；6—测锤；

7—玻璃杯；8—线圈铁芯；9—激磁线圈；10—可拆侧磁轭；11—秤盘；12—底座

【实验原理】

磁性液体的表观密度：用透明玻璃细管盛满磁性液体并置于恒定非均匀磁场中，则管内单位体积磁性液体受到重力 F_g 和磁力 F_m 的作用，若重力方向为 Z 方向，其所受合力为

$$F_Z = F_{gZ} + F_{mZ} \tag{13-1}$$

若用 H 表示磁场强度，用 χ_m 表示磁性液体的磁化强度，$\dfrac{\partial H}{\partial Z}$ 表示 Z 方向的磁场梯度，ρ_m 表示磁性液体密度，则式(13-1) 为

$$F_Z = \rho_m g + \chi_m H \frac{\partial H}{\partial Z} \tag{13-2}$$

变化磁场中可使 $\dfrac{\partial H}{\partial Z} > 0$，所以 $F_Z > \rho_m g$ 相当于磁性液体得到加重，这种加重作用反映在密度上就称为表观密度，用 ρ_s 表示

$$\frac{F_Z}{g} = \rho_m + \chi_m H \frac{\partial H}{\partial Z} g^{-1}$$

即

$$\rho_s = \rho_m + \chi_m H \frac{\partial H}{\partial Z} g^{-1} \tag{13-3}$$

测量原理：如图 13-1 所示，采用流体静力称衡法，首先测出非铁磁物体测锤在不同氛围，如空气、蒸馏水、磁性液体中的平衡砝码质量分别为 m，m'，m_i；若磁性液体的表观密度为 ρ_s，水的密度为 ρ_W，非铁磁物体测锤的体积为 V，可得方程

$$mg - m'g = \rho_W g V \tag{13-4}$$

$$mg - m_i g = \rho_s g V \tag{13-5}$$

整理得

$$\rho_s = \frac{m - m_i}{m - m'} \rho_W \tag{13-6}$$

很明显，只要测得不同氛围中测锤的平衡质量，磁性液体的表观密度即可获得。

【实验内容与步骤提示】

根据要求制作完成实验装置，安装调试正常后，进行以下实验内容。

测量时，可在室温下取蒸馏水的密度 $\rho_W = 1.00 \text{g/cm}^3$，并选细管中磁性液体的液面为参考面，按照式 (13-6) 沿重力方向逐点测量不同氛围测锤的平衡质量，即可获得不同液面磁性液体的表观密度；也可逐渐改变磁场测量某点磁性液体表观密度随磁场变化曲线。

将实验数据记录于表 13-1、表 13-2 中。

表 13-1 实验数据记录（一）

$m = $ _____ $m' = $ _____ $\rho_W = $ _____

Z/cm						
m_i/g						
$\rho_s/(\text{g}\cdot\text{cm}^{-3})$						

表 13-2 实验数据记录（二）

$m = $ _____ $m' = $ _____ $\rho_W = $ _____ $Z(\text{cm}) = $ _____

I/A						
m_i/g						
$\rho_s/(\text{g}\cdot\text{cm}^{-3})$						

图 13-2 中曲线是根据式 (13-6) 沿重力方向逐点测量不同氛围测锤的平衡质量所对应的表观密度曲线，该曲线说明当磁场一定时（电流一定），不同液层磁

性液体的表观密度随着磁性液体深度的不同而不同，深度增加，表观密度增大。

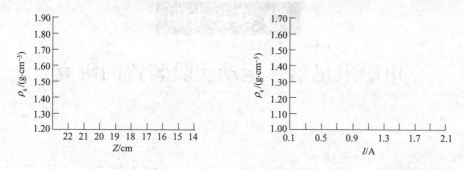

图 13-2　不同液层的表观密度曲线　　　　图 13-3　表观密度随磁场变化曲线

由式（13-3）知，表观密度与磁性液体的磁化率 χ_m、外加磁场强度 H、磁场梯度 $\dfrac{\partial H}{\partial Z}$ 有关。图 13-3 中的曲线正好反映出磁性液体的一个重要性质，即当磁场增大时，可以得到不同的随磁场变化的磁性液体表观密度。

【思考题】

（1）磁性液体表观密度测量装置主要由哪几部分组成？

（2）磁性液体表观密度与哪些因素有关？

（3）试说明本实验装置在制作和测量上的特点。

【参考文献】

[1]　尉光华. 磁流体及其应用[J].润滑与密封，1979，5：56-63.

[2]　李学慧等. 磁性液体的研制[J].化学世界，1998，39(1)：15-17.

[3]　李学慧等. 磁性液体表观密度随磁场变化测量仪[P].中国专利 CN-02132428.X，2003-05-07.

[4]　李学慧等. 新编物理实验[M].大连：大连理工大学出版社，1999.

电磁阻尼落体运动实验装置的研究

磁体在非铁质金属管中下落时，受管壁上感应电流产生的电磁阻尼，运动情况与自由落体完全不同。现有的一些实验仪器仅能定性地演示磁体下落时受电磁阻尼而使运动迟缓的现象，并不能定量地测量出磁体下落过程中的速度和路程。本实验要求学生设计电磁阻尼落体运动实验装置，可以直观地反映磁体下落时的运动状态，并在不同的阻尼条件下，可以定量地分析磁体下落的速度与路程。

【实验目的】

(1) 研究受电磁阻尼的落体运动过程。

(2) 学会和掌握测量磁体下落的速度与路程方法。

(3) 训练设计安装实验装置的能力。

【实验原理】

磁体受力分析：磁体在非铁质金属管中下落时，如果不计其与管壁摩擦等因素，磁体将只受重力 mg 和向上的阻力 f 作用。f 为磁体运动在管壁上感应的电流产生的电磁阻尼，它与磁通量变化率有关，即与磁体运动的速度有关。在电磁阻尼下，忽略空气阻力可得

$$f = Kv \tag{14-1}$$

K 为比例系数，v 为瞬时速度，则磁体运动方程为

$$m\frac{\mathrm{d}v}{\mathrm{d}t} = mg - Kv \tag{14-2}$$

设落体初速度为零，下落过程中的速度为

$$v = v_T(1 - e^{-\beta t}) \tag{14-3}$$

式中，$v_T = \dfrac{mg}{K}$ 为下落终极速度；$\beta = \dfrac{K}{m}$ 为阻尼系数。由式(14-3)可以得到路程公式为

$$y = v_T t - \frac{v_T}{\beta}(1 - e^{-\beta t}) \tag{14-4}$$

阻尼系数的计算：由式(14-4) 及 $v_T = \dfrac{mg}{K} = \dfrac{g}{\beta}$ 可得

$$\frac{y}{g}\left[\left(\beta - \frac{g}{2y}t\right)^2 - \left(\frac{g}{2y}t\right)^2 + \frac{g}{y}\right] = e^{-\beta t} \tag{14-5}$$

当 βt 值比较大时，$e^{-\beta t} \approx 0$，则式(14-5) 可以化为

$$\left(\beta - \frac{g}{2y}t\right)^2 - \left(\frac{g}{2y}t\right)^2 + \frac{g}{y} = 0 \tag{14-6}$$

根据 y，g，t 的值解此方程可求出阻尼系数 β。

【实验装置】

如图 14-1 所示，选择 1 根长 70.0cm 的铝管，为防止边缘效应，在上端以下 8cm 处沿直径方向打一对孔作为零点并加上零点锁销，在零点以下 2.5cm，5.0cm，10.0cm，15.0cm，25.0cm，35.0cm，55.0cm 处各打一对孔，孔的直径为 3mm 左右，其对金属管壁上的感应电流以及对落体的阻尼产生的影响可以忽略，在每对孔处安装光电门作为测量点。

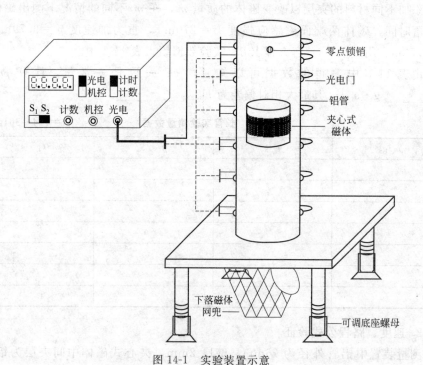

图 14-1　实验装置示意

测量每点处的瞬时速度以及从零点到该点所经历的时间，便可验证速度公式和路程公式，并求得阻尼系数 β 和终极速度 v_T。

为研究在不同阻尼下落体的运动，保持 K 不变，改变落体质量 m 来达到改

变 β 的目的。为了方便地改变磁体的质量及阻尼系数，把磁体设计成"夹心式复合磁体"，即隔着一个非铁磁介质环而相互吸合两块扁圆柱形磁钢。改变介质环的内径，或在环中填充锡粒，可以改变磁体的质量而并不改变磁场分布情况。

要测量的物理量是磁体在铝管中 7 个点的瞬时速度和初始点到每一测量点的时间，其中瞬时速度可以转化为对时间的测量，首先测量磁体的长度 l，然后测量磁体通过测试点的时间 Δt，与前者相除就可得到瞬时速度。显然长度 l 越小，结果越准确，但会对时间测量提出更高的要求。在实验中测得落体平均速度 $\bar{v} \approx 0.1 \mathrm{m/s}$，若 $l = 2.0 \mathrm{cm}$，则落体通过测量点的时间 $\Delta t \approx 200 \mathrm{ms}$，用 1ms 的计时器可以测量出 3 位有效数字，因此落体长度定为 1.5～2.0cm。

【实验内容与步骤提示】

根据实验要求，选择、安装、调试实验装置。

1. 长管实验

将两块圆形磁铁吸合在一起，使其在 1.53m 长的铝管中下落，在两块磁铁之间添加不同材料的夹层以改变磁体的质量 m，在 m 不同的情况下测出磁体平均下落时间，磁体两端面磁感应强度 $B = 270 \mathrm{mT}$，重力加速度 $g = 9.79 \mathrm{m/s^2}$，$y = 1.53 \mathrm{m}$。用式（14-6）解方程求 β，实验数据填入表 14-1 中。

由表 14-1 中测得的数据可以知道，βm 大致是一常量，计算 $\beta m =$ ＿＿＿＿＿＿ $\mathrm{g \cdot s^{-1}}$，其最大相对偏差为 $E_{\max}$ ＿＿＿＿＿＿。

表 14-1　长管实验测量数据　　　　　　　　$m = (24 \sim 30) \mathrm{g}$

m/g	$\bar{t}/\mathrm{s}$	$\beta/\mathrm{s^{-1}}$	$\beta m/(\mathrm{g \cdot s^{-1}})$

2. 速度、路程公式验证

测量装置中铝管外径为 26mm，壁厚 2mm，夹心式磁体中间夹层为铝环，与长管实验中磁体不同，通过在环中添加锡粒来改变磁体的质量 m，在不同 β 下测得 $y\text{-}t$ 和 $y\text{-}v$ 的关系。

"夹心式磁体"的夹层 $h = 9.80 \mathrm{mm}$，总长度 $l = 19.80 \mathrm{mm}$，两端面磁感应强度 $B = 302 \mathrm{mT}$（实验时可根据现场实测得到），在夹层中添加锡粒，使磁体质量

$m_1 = 27.63$g（同样可以现场实测得到）。磁体从零点自由下落，分别测出磁体到达各孔处的时间以及瞬时速度，分别得到 y-t 及 y-v 关系数据，实验数据填入表 14-2 和表 14-3 中，根据表中数据可得到 v-t 关系（图 14-2）。由 v_T 计算出阻尼系数 $\beta = $ _____ s^{-1}。从图中可以验证，经过很短的时间 t，速度 v 就达到了终极速度，而且路程 y 与时间 t 成线性关系。

表 14-2　质量为 m_1，测量 y-t 数据

$y/$cm	$t/$ms					$\bar{t}/$ms
	$n=1$	$n=2$	$n=3$	$n=4$	$n=5$	
2.5						
5.00						
10.00						
15.00						
25.00						
35.00						
55.00						

表 14-3　质量为 m_1，测量 y-v 数据

$y/$cm	$t/$ms					$\bar{t}/$ms	$\bar{v}/($cm·$s^{-1})$
	$n=1$	$n=2$	$n=3$	$n=4$	$n=5$		
2.5							
5.00							
10.00							
15.00							
25.00							
35.00							
55.00							

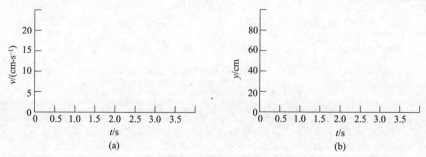

(a)　　　　　　　　(b)

图 14-2　磁体质量为 m_1 时 v-t 与 y-t 关系曲线

改变夹层中锡粒的数量，使磁体质量 $m_2 = 29.20$g（可以现场实测得到），其他参量保持不变，重复实验，又可得到阻尼系数 $\beta = \underline{\hspace{2cm}}$ s^{-1}，记录质量为 m_2 时的实验数据，作出 m_2 时的 v-t 及 y-t 曲线。

【注意】

在测量 v-t 关系时，用光电门测量磁体经过光电门的平均速度作为瞬时速度，是近似值，存在着一定的系统误差。从测量结果可以看出，磁体在下落的过程中速度在较短的时间内达到了接近于终极速度 v_T 的值，因此得到的平均速度可以看作是在测量点处的瞬时速度，可以反映出磁体下落过程中的运动状态。

【思考题】

（1）本实验装置如何实现在不同的阻尼条件下，定量地分析磁体下落的速度与路程？

（2）在制作实验装置过程中，应当注意什么？

（3）画出零点锁销的示意图，并说明操作注意事项。

【参考文献】

[1] 庄明伟，余志文，梁爽等. 双管对比式楞次定律演示装置 [J].物理实验，2010, 30 (6)：23-24.

[2] 程守洙，江之永. 普通物理学 [M]. 第 5 版. 北京：高等教育出版社，2006.

[3] 张步元. 用光电门测自由落体加速度实验的改进 [J]. 物理实验，2010, 30 (12)：14-17.

[4] 周勇，李更磊，郑小平. 对光电门测得的瞬时速度的误差分析 [J]. 物理实验，2009, 29 (1)：24-26.

基于电磁感应系统测量磁悬浮力和磁牵引力的特性

100 多年前，法拉第归纳了 5 种产生电磁感应的方式：变化的电流，变化的磁场，运动的稳恒电流，运动的磁铁，在磁场中运动的导体。但在大学物理实验中，涉及法拉第电磁感应定律的实验仪器种类较少。我们利用步进电机、转盘、磁铁、力传感器等构建电磁感应系统，可以方便低年级学生自主搭建和组装，用来研究物体相对运动引起的电磁相互作用力的规律，或进行电磁感应应用的初步设计，还可进行一些探索性实验尝试。

【实验目的】

（1）介绍电磁感应与磁悬浮实验的原理，演示电磁感应的产生条件及其现象。

（2）利用本实验组建的电磁感应系统，测量磁悬浮力及磁牵引力与铝盘转速的关系。

（3）学生对电磁感应应用进行初步设计，尝试做一些探索性实验。

【实验装置】

本实验装置如图 15-1 所示，主要由矩形磁铁、铝盘、可调速电机、力传感器、二维调节架、可升降立柱等构成电磁感应产生部分；磁钢、集成开关型霍尔传感器、电机速度测控箱实现转速调节和测量。电磁感应产生部分中的 A（图 15-1 中左侧）用来测量磁悬浮力；B（图 15-1 中右侧）用来测量磁牵引力。两者的主要不同在于力传感器放置的方向。实现对不同方向上力的传感。本实验装置设计原理基于法拉第电磁感应定律。在矩形的钕铁硼永磁体下方放置圆形铝盘，铝盘在步进电机的驱动下匀速转动。根据楞次定律，产生的感应磁场是要减弱磁通量的变化，可以判断磁铁在竖直方向上受到的力是向上的，以此确定力传感器的放置方向。水平方向的分力通过改变传感器的放置方向后即可测量。

【实验装置设计原理】

由法拉第电磁感应定律可知：当通过回路面积的磁通量发生变化时，回路中产生的感应电动势与磁通量对时间的变化率成正比，即

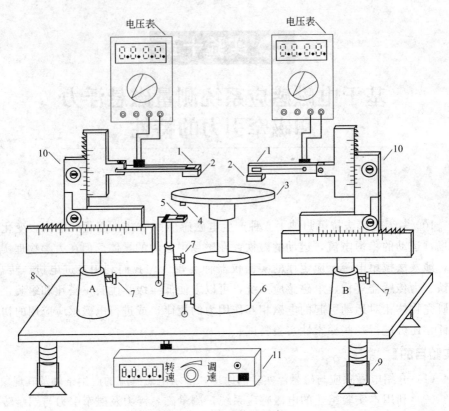

图 15-1　实验装置示意

1—力传感器；2—矩形磁铁；3—铝盘；4—磁钢；5—集成开关型霍尔传感器（如型号 UGN3144）；

6—可调速电机；7—可升降立柱紧固螺钉；8—底座；9—底座螺钉；

10—二维调节架；11—电机速度测控箱

$$\varepsilon \propto -\frac{\mathrm{d}\Phi}{\mathrm{d}t}$$

式中，负号表明了感应电动势的方向。

在图 15-1 所示的电磁感应产生部分中，矩形永磁铁周围存在稳恒非均匀磁场，铝盘在电机驱动下，绕定轴旋转切割磁感应线，依据法拉第电磁感应定律，矩形磁铁与铝盘间会产生电磁相互作用，表现为两者之间的相互作用力。由于矩形磁铁产生的磁场是稳恒非均匀磁场，因此作用力在不同位置上的大小和方向也必定不相同。本实验主要研究运动沿铝盘切线方向的"磁牵引力"，垂直铝盘竖直方向上的"磁悬浮力"，并要求利用磁体切向的电磁作用力设计电磁传动系统。

在铝盘与磁铁的位置关系不变时，铝盘转速的变化使其切割磁感应线的速率改变，那么铝盘与磁铁两者之间的相互作用大小也会随之发生变化。切线方向上的磁牵引力的方向与永磁体的磁极相关，假如永磁体能自由转动，那么在切线方向上由于两面磁极相反，受到的磁牵引力必定也是反向的，如此将构成力矩使磁体转动。我们可以利用导体相对永磁体运动时会产生的切向作用力设计电磁传动系统。显而易见，这种方式由于没有摩擦，能量损失减小，更节能，更环保，而且能延长部件的使用寿命。

【实验内容及步骤提示】

根据实验要求，正确连接线路，安装调试实验装置，做磁悬浮相关内容时，要求松开 B 上紧固螺钉 7，旋转可升降立柱一定角度，使得其上矩形磁铁和力传感器部分移出铝盘上方；同样，做磁牵引相关内容时，移出 A 上矩形磁铁和力传感器部分。以保证做磁悬浮实验或磁牵引实验只有其矩形磁铁和力传感器在独立作用和感知。运用本实验装置，可以完成以下实验内容。

【实验内容】

（1）定量测量铝盘不同转速对应磁悬浮力的大小，寻找对应关系。

（2）测量铝盘不同转速对应磁牵引力的大小，寻找对应关系。

（3）电机转速不变，磁牵引力随磁铁与铝盘距离变化的规律研究。

实验内容（1）和实验内容（2）步骤基本相同，只是在测量铝盘不同转速对应磁悬浮力的大小时，A 测量系统单独作用；在测量铝盘不同转速对应磁牵引力的大小时，B 测量系统单独作用。通过二维调节架使得磁铁与铝盘间距 $l=1\text{mm}$；由电机速度测控箱实现对电机转速的控制和显示，电机转速从 $20\text{rad} \cdot \text{s}^{-1}$ 开始，每增加 $1\text{rad} \cdot \text{s}^{-1}$ 左右，观测 A 或 B 测量系统中力传感器的输出电压值，再根据力传感器的灵敏度，折算出对应的受力大小。实验数据填入表 15-1 中，作磁悬浮力 F_1 与铝盘角速度 ω 的关系曲线（图 15-2）和磁牵引力 F_2 与铝盘角速度 ω 的关系曲线（图 15-3）。由所作曲线拟合可得到各物理参量与铝盘转动角速度的关系表达式：

磁悬浮力 $F_1 = $ ＿＿＿＿＿＿$\omega + $ ＿＿＿＿＿＿，求线性相关系数；

磁牵引力 $F_2 = $ ＿＿＿＿＿＿$\omega + $ ＿＿＿＿＿＿，求线性相关系数。

由此可以验证它们的线性相关性。

表 15-1　磁悬浮力 F_1、磁牵引力 F_2 与铝盘角速度 ω 的变化关系

$\omega/(\text{rad} \cdot \text{s}^{-1})$	F_1/N	F_2/N
22		
24		
26		
28		
30		

续表

$\omega/(\text{rad} \cdot \text{s}^{-1})$	F_1/N	F_2/N
32		
34		
36		
38		
40		

磁铁与铝盘间距 $l = 1\text{mm}$；

A 测量系统中，力传感器灵敏度＝_____ $\text{mV} \cdot \text{N}^{-1}$；

B 测量系统中，力传感器灵敏度＝_____ $\text{mV} \cdot \text{N}^{-1}$。

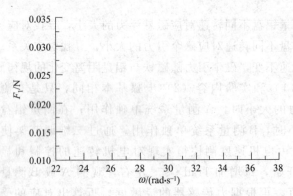

图 15-2　磁悬浮力 F_1 与铝盘角速度 ω 的关系曲线

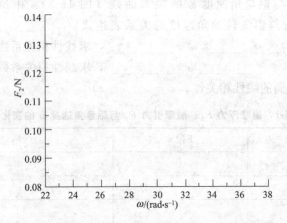

图 15-3　磁牵引力 F_2 与铝盘角速度 ω 的关系曲线

两个物体之间的电磁感应作用与它们距离的关系十分密切。因此，通过二维支架，在竖直方向上移动永磁铁，改变其与铝盘之间的距离，同时测量切线方向上磁牵引力 F_2。所得实验数据填入表 15-2 中，作磁牵引力 F_2 随 l 的变化曲线（图 15-4），据此得出实验结论。

表 15-2 磁铁与铝盘间距 l 变化对磁牵引力 F_2 的影响

l/mm	F_2/N	l/mm	F_2/N
1		7	
2		8	
3		9	
4		10	
5		11	
6		12	

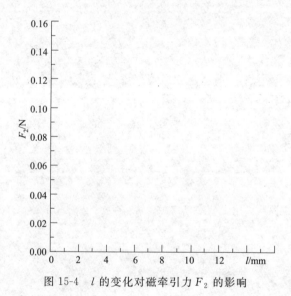

图 15-4 l 的变化对磁牵引力 F_2 的影响

【思考题】

（1）本测量系统主要由哪几部分组成？

（2）测量磁悬浮力和磁牵引力用力敏传感器安装上应该注意些什么？

（3）在设计和组装测量系统时，为明显观测实验现象，应如何选择矩形磁铁、可调速电机、力敏传感器等部件？

【参考文献】

[1] 张增明，孙腊珍，霍剑青等. 研究性物理实验教学的实践 [J]. 物理实验，2011，31
（2）：21.

［2］　赵凯华，陈熙谋.电磁学［M］.北京：高等教育出版社，2011.

［3］　舒信隆，景培书，张路一.磁悬浮运动演示仪［J］.物理实验，2010，30（5）：16-18.

［4］　韩九强，周杏鹏.传感器与检测技术［M］.北京：清华大学出版社，2010.

［5］　胡基士.EMS型磁浮列车悬浮力分析［J］.西南交通大学学报，2001，36（1）：44-47.

［6］　李潮锐，姚若河，何振辉等.开放式物理实验交流平台及教学辐射作用［J］.物理实验，2010，30（11）：15-20.

［7］　任忠明，王阳恩，许明耀.大学物理实验［M］.北京：科学出版社，2008.

基于光学干涉法的磁致伸缩系数测量

在外磁场的作用下，铁磁材料的尺度会发生变化，这种现象称为磁致伸缩现象。在相同外磁场的条件下，不同铁磁材料的尺度变化是不同的，通常用磁致伸缩系数 $\alpha = \dfrac{\Delta L}{L}$ 来表征形变的大小。一般铁磁材料的磁致伸缩系数的数量级为 $10^{-6} \sim 10^{-5}$。

采用光学干涉方法测量磁致系数，可克服以往常用测试方法中，由于温度、磁电阻效应等因素的影响，电路中出现较严重的漂移现象，导致测量难以进行。

【实验目的】

（1）学习和掌握磁致伸缩原理及测试方法。

（2）了解迈克尔逊干涉仪光路在实际测量中的使用方法。

（3）学习制作、安装、调试实验装置的能力。

【实验装置】

待测铁磁材料样品制成长条形（5cm×1.5cm×0.1cm）。将样品放置在螺线管轴线位置，螺线管长约12cm，样品所在处为均匀磁场。样品一端粘贴1个小平面镜，镜面与样品长度方向垂直，另一端与螺线管固连，如图16-1所示。

在光学平台上搭建迈克尔逊干涉仪光路，如图16-2所示。光源为氦氖激光器，波长为632.8nm。动镜为与待测样品固连的平面镜，接收装置为光电计数器。样品材料为铁镍合金，其长度 l 为5.20cm，螺线管为200匝/cm。

【实验原理】

当螺线管线圈中通过电流 I 时，其轴线处磁感应强度 $B = \mu_0 n I$，样品在磁场作用下其长度将发生变化，从而引起干涉条纹级数改变。设样品的伸缩量为 ΔL，条纹级数改变量为 ΔK，则由迈克尔逊干涉仪原理可知 $\Delta L = \dfrac{\Delta K \lambda}{2}$，所以样品磁致伸缩系数 $\alpha = \dfrac{\Delta L}{L} = \dfrac{\Delta K \lambda}{2L}$。

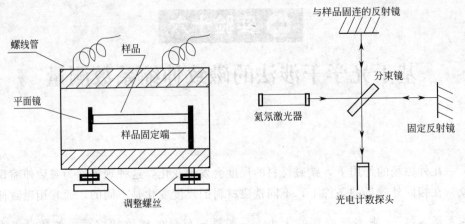

图 16-1 样品放置示意   图 16-2 实验光路

【实验内容与步骤提示】

（1）要调整光路，使其能够形成等倾干涉条纹，调好后将光电计数器的探头放置在干涉条纹的中心位置。

（2）将螺线管线圈接交流调压器，先将电流调到线圈的额定电流值，再缓慢减至零，将样品退磁。

（3）将螺线管线圈接直流电源，如图 16-3 所示。调节电阻 R_w，记录条纹级数改变量 ΔK 及相应的电流值 I。记录实验数据，填入表 16-1 中。并由表 16-1 画出 α-B 关系曲线（图 16-4）。

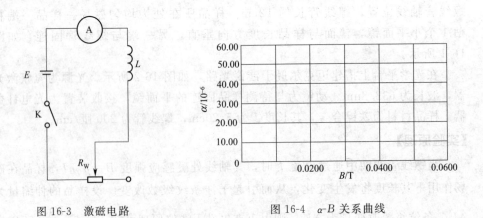

图 16-3 激磁电路   图 16-4 α-B 关系曲线

（4）由测量结果，分析待测样品在磁饱和前与磁饱和后磁致伸缩的变化趋势。

表 16-1 实验数据

ΔK	I/A	B/T	$\alpha/10^{-6}$
1			
2			
3			
4			
5			
6			
7			
8			
9			

【思考题】

(1) 什么是磁致伸缩现象？

(2) 采用光学干涉法测量磁致伸缩系数的特点是什么？

(3) 试说明本方法可以克服温度、磁电阻效应对测量结果影响的理由。

(4) 观测磁致伸缩现象的方法通常有哪些？

【参考文献】

[1] 曾贻伟等.普通物理实验教程[M].北京：北京师范大学出版社，1989.

[2] 钟文定.铁磁学(中册)[M].北京：科学出版社，1987.

[3] 陈宜保，王文翰，杨翔等.超磁致伸缩材料性能测量实验[J].物理实验，2008，28(12)：13-15.

[4] 曹惠贤.磁致伸缩系数的测量[J].物理实验，2003，23(2)：37-38.

实验十七

利用非接触式电磁感应线圈探头测液体电导率

电导率是液体的基本属性，通过液体的电导率可以分析液体的纯净度、带电粒子的浓度等参量。目前测量电导率常用的方法是用交流电直接接触液体测量。这种测量方法由于电极与液体直接接触，通电后会对液体本身有一定的影响，如微量电解引起电导率变化，温度升高引起电导率变化，电极化学反应、液体形状和测量深度等引起电导率测量值不准确等。

【实验目的】

（1）培养学生实验技能与方法，提高学生分析问题、解决问题的能力。

（2）学习测量液体电导率和测量液体离子的浓度方法。

（3）学生可制作成便携式电导测量仪。

【实验装置】

实验采用非接触感应式的测量方法，使用双磁环线圈探头，由于液体导电形成回路，两磁环线圈发生电磁感应，副线圈得到信号，液体电导率越大，输出信号越大，因此，输出信号可以反映液体电导率的大小。采用非接触式测量方法，避免直接接触式测量对液体本身的影响，提高了测量准确度。

实验测量装置如图 17-1 所示，其中探头由两个绕有相同匝数漆包线的铁氧体磁环组成（图 17-2）。将线圈并排放好，用耐腐蚀、绝缘性能较好的硅胶胶合在一小段中空的圆管里，并分别引出两对接线端。其中一个线圈作为输入激励线圈，与交流电压源相连；另一个线圈作为输出信号线圈，与毫伏表和示波器相连，整个探头置于待测液体中。探头中每个线圈匝数为 65，导线直径 $d = 0.25\text{mm}$；中空圆柱体的内径 $D = 1.695\text{cm}$，长度 $L = 2.039\text{cm}$。

【实验原理】

如图 17-2 所示，由信号发生器输出的正弦交变信号 U_i 在绕组 $11'$ 环内产生正弦交变磁场，因而导电液体中产生正弦交变的感生电场，液体中含有的离子在该交变电场作用下产生交变电流 i

$$i = G\frac{N}{N_1}U_i \tag{17-1}$$

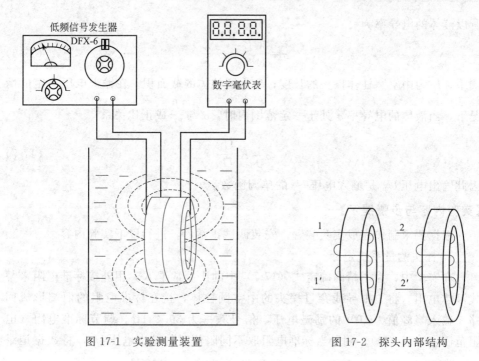

图 17-1　实验测量装置　　　　　图 17-2　探头内部结构

式中，N_1 和 N 分别为绕组 11′ 的匝数和感应电流的等效匝数；G 为液体的电导。该感生电流 i 也通过绕组 22′ 环，绕组 22′ 处于交变的磁场中，磁通量为

$$\Phi_m = \frac{iN}{R_m} \tag{17-2}$$

根据变压器原理，该磁场在绕组 22′ 内又产生感生电动势，在 22′ 绕组端测得输出信号有效值为

$$U_o = 4.44 f N_2 \Phi_m \tag{17-3}$$

式中，N_2 为 22′ 绕组的匝数。整理式（17-1）～式（17-3），得

$$U_o = 4.44 f \frac{N^2 N_2}{N_1 R_m} U_i G \tag{17-4}$$

忽略磁滞效应，除 U_i，电导 G 外，其他参量与探头磁环结构常量有关。设常量 K，可得

$$U_o = K U_i G \tag{17-5}$$

经分析得，当通过传感器的液体的体积（截面积和长度）一定时，其液体电导率与所测电压成一确定的函数关系，即可由所测得的电压计算出其电导率。如图 17-1 所示，因盛放待测液体的容器很大，圆柱体外面的液体的电阻很小，可忽略不计，因此可由液体柱作为液体等效体积来计算液体的电导率。液体柱电阻为

$$R = \frac{1}{G} = \frac{1}{\sigma} \frac{L}{S}$$

所以液体的电导率为

$$\sigma = \frac{1}{R}\frac{L}{S} = G\frac{L}{S} \tag{17-6}$$

式中，L 为中空圆柱体探头的长度；S 为圆柱体的截面积。在输入电压一定的情况下，当液体的电导率 σ 处于一定范围内时，σ 与 $\dfrac{U_o}{U_i}$ 成正比关系

$$\sigma = K\frac{U_o}{U_i} \tag{17-7}$$

因此输出电压 U_o 是输入电压 U_i 的单调函数。

【实验内容与步骤提示】

根据要求制作完成实验装置，安装调试正常后，进行以下实验内容。

1. 探头测量系统定标

在实验中，为了精确确定式（17-7）中的比例常量 K，用外接标准电阻来替代液体电阻。将 1 根导线穿过探头的中空圆柱体，接在标准电阻的两端形成回路。输入峰峰值为 10V 的励磁电压，信号频率为 39.4kHz。调节标准电阻（电阻范围：0～800Ω），测量当标准电阻取不同阻值时的输出电压 U_o，将数据记录于表 17-1 中。根据式(17-6)将电阻转换为电导率 σ，作 σ-$\dfrac{U_o}{U_i}$ 关系图（图 17-3）。

表 17-1　实验数据（一）

$U_i=$ _____　$f=$ _____　$L=$ _____　$S=$ _____

标准电阻/Ω	200	300	400	500	600	700	800
$\sigma/(\text{S}\cdot\text{m}^{-1})$							
U_o/V							
$\dfrac{U_o}{U_i}$							

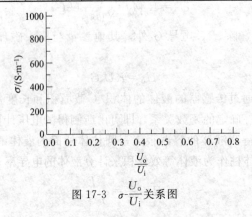

图 17-3　σ-$\dfrac{U_o}{U_i}$ 关系图

为使定标准确，要求对数据进行分段定标，并根据公式进行拟合。例如电导率范围为 $0\sim25S\cdot m^{-1}$ 的拟合曲线，电导率范围为 $25\sim910S\cdot m^{-1}$ 的拟合曲线。

2. 利用已定标的探头，测量不同浓度 NaCl 溶液的电导率

实验中，要求配置 3 种不同浓度的 NaCl 溶液，利用自制探头对其进行电导率测量，并与其他电导率仪测量结果进行比较。其中输入电压采用峰峰值为 10V。测量数据填入表 17-2。参照对比仪器为 DDS-11Ar 数字电导仪，仪器误差范围 $\pm1.5\%$，温度补偿范围 $15\sim35\,^{\circ}\mathrm{C}$。

表 17-2　实验数据（二）

$U_i=$ _____　　　$K=$ _____

$c/\%$	U_o/V	$\sigma_测/(S\cdot m^{-1})$	$\sigma_参/(S\cdot m^{-1})$	$E_r/\%$
1.000				
5.000				
10.00				

要求对比自制传感器探头测量出的电导率与参照电导率仪测出结果。分析产生误差主要原因。

3. 传感器探头的频率特性研究

为了进一步了解探头的性能，要求在实验中测量输出电压随输入信号频率变化的关系。实验中选取 5 种不同浓度 NaCl 溶液，分别对输出电压随频率的变化进行测量，记录数据填入表 17-3 中，并作图分析（图 17-4）。

表 17-3　实验数据（三）

浓度	500Hz	1kHz	10kHz	20kHz	30kHz	40kHz	……	18MHz
1.000%							……	
4.000%							……	
8.000%							……	
12.00%							……	
16.00%							……	

由所作的 U_o-f 关系曲线，回答下列问题。

（1）在输入信号频率 f 改变时，输出电压 U_o 是否存在峰值？若有，出现位

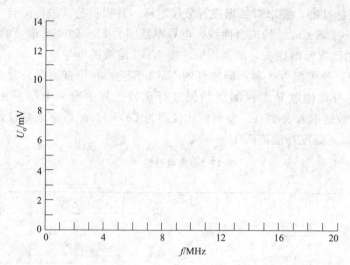

图 17-4　不同浓度 NaCl 溶液的输出电压 U_o 和输入信号频率 f 曲线

置有何特点？

（2）试着分析探头自身结构参量（磁环和线圈引起的电感电容）和溶液浓度（溶液间的双电层电容和并联于液体的分布电容）对 U_o 峰值位置和峰值的影响。

（3）为使输出信号的测量更精确，实验选择的信号频率 40kHz 附近，为什么？

【思考题】

（1）常用测量液体电导率的方法是什么？测量上有什么局限性？

（2）电磁感应式测量探头在选材、结构、制作上应当注意些什么？

（3）简述变压器的工作原理。

（4）为什么要对探头测量系统进行标定？

【参考文献】

[1]　马葭生,宦强.大学物理实验［M］.上海:华东师范大学出版社,1998.

[2]　冯建国,冯建兴.分析仪器电子技术［M］.北京:原子能出版社,1986.

[3]　谭有广,刘峰.非接触测量液体电导率的仿真与实验分析［J］.电工技术,2004(7):69-71.

[4]　陈丽梅,程敏熙,肖晓芳等.盐溶液电导率与浓度和温度的关系测量［J］.实验室研究与探索,2010,29(5):39-42.

[5]　吴龙斌.电感式电导率传感器的测量原理与测试方法［J］.录井技术通讯,1995,6(2):23-28.

用交流法测量钛酸钡半导体电阻
中极化子导电到能带导电的转变

低温时半导体材料以极化子导电为主，其特征是电阻随温度的上升而减小；高温时以能带导电为主，其电阻随温度的上升而增大。在转变温度附近，电阻出现极小值。根据电导率随温度 T 的倒数的变化规律可以计算出半导体中载流子的激活能。该现象的演示在半导体物理教学中有较重要的意义。但纯半导体材料一般都较易破碎，不利于演示；而已封装好的商用半导体器件大多都做成 PN 结的形式，由于 PN 结的影响，上述的转变往往不易观察。本实验要求采用钛酸钡正温度系数（PTC）陶瓷电阻替代传统的纯 Si 晶体。由于 PTC 电阻具有加热和控温的双重功能。可简化整个实验装置的结构。

【实验目的】

（1）学习用交流法测量大功率商用钛酸钡陶瓷加热器的电阻随温度的变化关系。

（2）掌握用交流法测量大功率商用钛酸钡陶瓷加热功率随温度变化关系的方法。

（3）了解钛酸钡陶瓷的电导特性，即低温时的极化子跳跃导电；高温时的能带导电。

【实验装置】

实验装置如图 18-1 所示。实验采用商用电蚊香加热器中的加热元件，为钛酸钡陶瓷圆片，厚度为 3mm，直径为 13mm。可直接接 220V 交流电。为了避免升温过快，难以准确测量，采用图 18-1 所示电路，由自耦变压器输出 60V 交流电压。将被测元件与电流表串联后接到 60V 电源上。温度计探头与被测元件之间用云母纸绝缘，两者一起放入隔热的测试样品盒中，保证样品受热均匀。

【实验原理】

理论上商用钛酸钡陶瓷圆片的 R-T 和 P-T 关系曲线见图 18-2 和图 18-3，可明显看到极化子导电到能带导电的转变。室温时，样品电阻约为 $6k\Omega$，加热功率

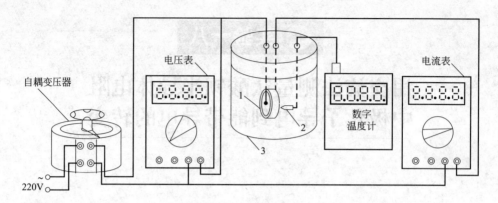

图 18-1　实验装置示意
1—钛酸钡陶瓷圆片（PTC）；2—温度探头；3—样品测试盒

为 0.5W。随着温度上升，电阻连续减小，在 80℃附近达到极小值约 1kΩ。相应地，加热功率也持续上升，在 80℃附近达到极大值。之后再继续升温，电阻反而逐渐增大，加热功率变小。在转变温度两侧，电阻和功率随温度的变化都近似为线性。T 大于 80℃时，由于样品的温度与室温差别较大，散热较快，故温度上升趋于平缓。在 60V 电压下，当样品温度升至 130℃时就不再上升。被测样品起到了加热和控温的双重功能。如果想继续升高温度，就必须加大电压。

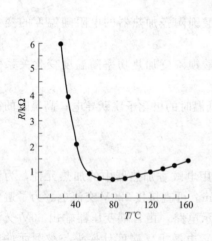

图 18-2　R-T 曲线

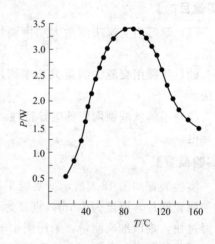

图 18-3　P-T 曲线

但由于钛酸钡陶瓷为典型的正温度系数电阻材料，如果再继续升温，其电阻值在居里点附近将突然增大几个数量级，加热功率急剧下降。使得样品两端即使加上 220V 的交流电，其表面温度也不会超过 185℃。起到了很好的保护作用。

图 18-2 和图 18-3 中的电阻和加热功率转变点约为 80℃，远小于钛酸钡陶瓷的居里点（185℃），因此可以确认该转折是由陶瓷样品中的极化子导电向能带导电转变引起的。

【实验内容与步骤提示】

根据要求制作完成实验装置，安装调试正常后，进行以下实验内容。

将电流表拨至 200mA 交流挡。接通电源，则电流随温度变化而改变。从室温开始连续升温至 130℃，每隔 5℃测出对应的电流值，记为升温电流 I_1。升温至 130℃后断开电源，使样品自然降温至室温。再次升温重复上述的测量。记为升温电流 I_2，最后取 I_1 和 I_2 的平均值 $\bar{I}$。根据测量的 U 和 $\bar{I}$ 值，用 $R = \dfrac{U}{\bar{I}}$，$P = U\bar{I}$，可计算出每个温度对应的瞬时电阻 R 和加热功率 P（记录于表 18-1 中），并据此画出 R-T 及 P-T 关系曲线。

表 18-1　实验数据

$U=$ _____

温度 T/℃	25	30	35	40	……	115	120	125	130
电流 I_1/A					……				
电流 I_2/A					……				
电流 $\bar{I}$/A					……				
电阻 R/Ω					……				
功率 P/W					……				

原则上来说，上述方法也可以采用直流源。但由于陶瓷的电阻一般都比较大，而实验室常用直流稳压电源的输出电压一般都比较低，且陶瓷样品的直流电导一般都比交流电导小，因此采用直流电源就需要在实验中采用较精密的直流电流表，这既增加了实验装置的成本，也容易造成电流表的损坏。

【思考题】

（1）什么是半导体电阻中的极化子导电？什么是能带导电？

（2）为什么用钛酸钡（PTC）可以使本实验装置的结构得到简化？

（3）在电源类型的使用、温度探头的选择和安装等方面，如何搭配更加合理？

【参考文献】

[1] 阎守胜. 固体物理基础 [M]. 北京：北京大学出版社，2000.

[2] 李景德，雷德铭. 电介质材料物理和应用 [M]. 广州：中山大学出版社，1992.

[3] 卢青，赵晖. 导电聚合物中极化子动力学的外加电场效应 [J]. 宁夏大学学报（自然科学版），2013，127-131.

多普勒效应测速实验

多普勒效应在当前高新技术的发展中有十分重要的应用。例如，在交通方面，用微波多普勒测速仪可以测定汽车的行驶速度；在军事上，利用多普勒效应可使雷达能够区分飞机与飞机上施放的烟幕（金属箔等的干扰物），提高了雷达识别能力。此外在医疗诊断与气象预报中也有广泛的应用。1997 年，美国斯坦福大学朱棣文等科学家获得诺贝尔奖的工作——激光冷却中也用到了光的多普勒效应。

为了对多普勒效应有较深刻的理解，特别是对多普勒测速有定量的了解，要求设计一个利用声波的多普勒效应和"拍"测量小车运动速度的实验装置，让学生自己进行测速实验。

【实验目的】

（1）学习和掌握多普勒效应的原理。

（2）通过实验对多普勒效应和拍频的应用有一个定量认识。

（3）训练综合应用物理原理和设备仪器的能力。

【实验原理】

根据声波的多普勒效应公式，当声源与声波接收器（观察者）沿着两者的连线相对运动时，接收器接收到的频率为

$$\nu' = \frac{V+v'}{V-v}\nu \qquad (19\text{-}1)$$

式中，V 为声速；v，v' 分别为声源与声波接收器相对于介质的运动速度；ν，ν' 分别为声源发出与接收器接收到的声波频率。在本实验中，介质为空气，声波接收器运动速度为零 $v'=0$，可解得

$$v = \frac{\nu'-\nu}{\nu'}V \qquad (19\text{-}2)$$

设 $\nu'-\nu=\Delta\nu$，则式（19-2）成为

$$v = \frac{\Delta\nu}{\Delta\nu+\nu}V \qquad (19\text{-}3)$$

当 $\nu \gg \Delta\nu$ 时，分母中的 $\Delta\nu$ 可以忽略不计，则式（19-3）可写成

$$v = \frac{\Delta\nu}{\nu}V \qquad (19\text{-}4)$$

由于 V 是已知的，所以只要设法测出 $\Delta\nu$ 和 ν，就可得到声源的运动速度 v（实验中 v 方向已知）。这就是多普勒效应测速法的基本原理。

【实验装置】

多普勒效应测速实验的装置主要由导轨、小车、声波接收器（话筒）、声源（扬声器）和传送系统五部分组成。小车通过自身底部的铜钩与链条带连接，链条带由电动机带动使小车在导轨上作匀速运动，如图 19-1 所示。实验装置中导轨用"⊏⊐"字形铝型材制作，导轨长 1500mm，设计小车轮距宽度刚好与"⊏⊐"字形铝型材匹配，就像火车轮落在钢轨上。

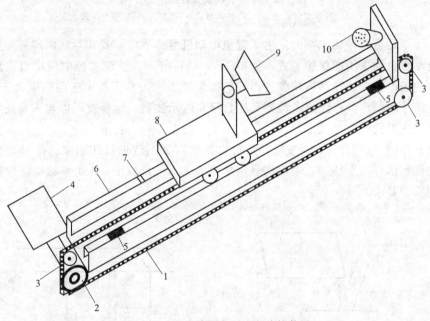

图 19-1　多普勒效应测速实验的装置

1—链条传送带；2—交流电动机主轴轮；3—传动齿轮；4—交流电动机；5—电动机自动开关；
6—导轨；7—计时装置；8—四个车轮的小车；9—扬声器；10—话筒

实验装置与信号发生器、数字实时示波器的接线方法如图 19-2 所示。其中信号发生器输出同时加到数字示波器的 Y_1 和扬声器，话筒接收到声波信号转换成电信号加到数字示波器的 Y_2。输入到 Y_1 与 Y_2 的两个信号进行叠加而形成"拍"，拍频就是两个信号频率之差 $\Delta\nu$，声源的声波频率 ν 直接可以从信号发生器上读出，声速 V 可以根据实验时的环境温度查表而得到，最后根据公式可得出声源运动速度 v。

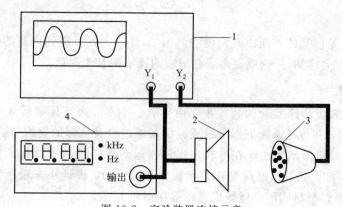

图 19-2　实验装置连接示意

1—数字实时示波器；2—扬声器；3—话筒；4—信号发生器

　　小车运行到导轨末端时，为了避免电动机继续通电，要在导轨两端各加装一个电动机自动关闭的保护装置，如图 19-3（a）所示。建议实验中应尽量选用口径大的扬声器，这样话筒接收到声波的振幅较稳定，本实验中选用功率大于 5W 的 8 英寸的扬声器；建议示波器采用数字实时示波器，这样就可以将不易捕捉到的单次或瞬间的信号波形记录与存储下来，便于分析。在本实验中，它可以同时记录和存储 ν、ν' 和 $\Delta\nu$ 的波形，还可以根据需要把波形打印出来。信号发生器采用低频信号发生器，它输出信号频率范围 2Hz～2MHz，其功率和稳定性都可达到实验要求。

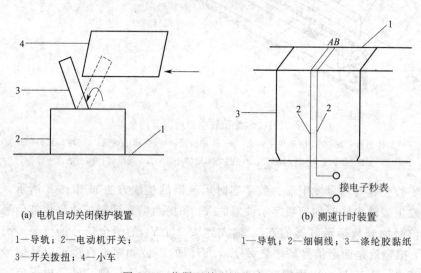

(a) 电机自动关闭保护装置

1—导轨；2—电动机开关；
3—开关拨扭；4—小车

(b) 测速计时装置

1—导轨；2—细铜线；3—涤纶胶黏纸

图 19-3　位限开关和测速计时示意

　　为了验证所测的速度是否正确，导轨上安装结构简单的秒表测速装置，如

图 19-3（b）所示（其他如光电门测速等方法请读者自己设计）。方法是先在导轨上埋下两根细铜线，为了不影响小车速度，细铜线直径小于 0.4mm，两根细铜线相距 2mm 左右，并用涤纶胶黏纸固定，铜线与导轨之间用涤纶胶黏纸绝缘，两根细铜线的一端分别接入电子秒表计时钮（引出线用屏蔽线），而另一端开路。当小车前轮与后轮分别通过计时装置时，两根细铜线上的 A 点与 B 点通过车轮导电而接通，相当于前、后两次按动电子秒表，秒表的读数 Δt 就是前轮与后轮分别经过计时装置的时间差，小车前轮与后轮中心之间的距离 l 可以用米尺量出。最后计算得出用秒表测的小车运动速度 v_s。

【实验内容与步骤提示】

选择仪器和相关器材，制作附件，安装调试本实验装置，熟练使用测试设备，制定详细的实验操作步骤。

实验开始，小车置于导轨的右端，示波器置于"触发"状态，当扬声器发出某一频率声波 ν，打开电动机开关，小车开始运动，秒表自动测出小车前轮与后轮分别经过计时装置时间差 Δt。当小车在导轨上运行到某一位置时，按下示波器上"run"（启动）键，示波器被触发，在示波器上分别显示声源发出的声波与接收到的声波两根扫描轨迹（要求两根扫描轨迹的幅度基本上相等，否则重新选择幅度挡位）。等一屏扫描结束后，示波器自动停止扫描，图像固定（存储）。将两个波形叠加，这时很清楚地在示波器上看到"拍"，读出拍频 $\Delta\nu$。最后测量距离 l，计算得到 v，v_s，并相互比较，数据记录于表 19-1、表 19-2 中。（请考虑：是否可以利用数字示波器丰富的测试功能，另一种方式显示"拍"）。

表 19-1　多普勒效应测速

ν/Hz	1000	2000	4000
$\Delta\nu/\text{Hz}$			
$V/(\text{m}\cdot\text{s}^{-1})$			
$v/(\text{cm}\cdot\text{s}^{-1})$			
$\bar{v}/(\text{cm}\cdot\text{s}^{-1})$			

表 19-2　秒表测速

实验次数	1	2	3
$\Delta t/\text{s}$			
l/cm			
$v_s/(\text{cm}\cdot\text{s}^{-1})$			
$\bar{v_s}/(\text{cm}\cdot\text{s}^{-1})$			

【思考题】

（1）为了使接收到的声波的波幅在测量过程中保持稳定，需要反复调节信号发生器的频率，选择合适频率，为什么？

　　（2）介绍几种测速的方法。

　　（3）实验中用电子秒表计时，能否用示波器度量出小车通过的时间？

　　（4）什么是多普勒效应？

　　（5）实验装置中，位置开关和测速计时部分在安装调试时要注意什么？

【参考文献】

［1］　郑永令,贾起民.力学(下册).上海:复旦大学出版社,1990.

［2］　王育慷.超声波原理与现代应用探讨［J］.贵州大学学报(自然科学版),2005,22(3):
287-288.

［3］　张伶俐,贝承训,黄绍江.多普勒效应测速实验仪的改进［J］.大学物理实验,2009,22(3):
60-63.

［4］　秦颖,王茂仁.多普勒效应实验数据的简单处理方法［J］.物理实验,2009,29(7):31-32.

［5］　王植恒,何原,朱俊.大学物理实验［M］.北京:高等教育出版社,2008.

实验二十

声源作圆周运动时的多普勒效应

多普勒效应在科学研究、工程技术、交通管理、医疗诊断等各方面有作广泛的应用。

【实验目的】

(1) 加深对多普勒效应的认识。

(2) 设计简单的实验装置来观测多普勒效应。

(3) 训练制作、调试实验装置的能力。

【实验装置】

如图 20-1 所示，用可调直流电源控制的电机带动一根 1.5m 长的铝棒转动，在铝棒的中间固定 9V 的电池，两端分别安装蜂鸣器和配重物（以保持平衡）。将麦克风放在蜂鸣器的环形路线上，再将麦克风接入数字示波器（或计算机），通过数字示波器（或计算机）来测量频率的变化。

在铝棒转动之前，需要记录蜂鸣器的声音频率 f_0，以便作为参考。当棒以恒定角速度旋转时，将麦克风放在如图 20-1 所示的位置，并将麦克风接入到数字示波器（或计算机计算机的录音插孔）上，以便对旋转时的声音进行记录。

从数字示波器（或计算机上可以用图谱软件）得出的频率分布图。由频率分布图可以看出，当蜂鸣器接近麦克风（也就是最大前进速率）时，所显示的频率达到最大值，当蜂鸣器经过麦克风（即最大后退速率）后，频率急剧下降至最小值，当蜂鸣器和麦克风的位置正好相对时，此时没有靠近或远离的相对运动，这时的频率 f 和静止时蜂鸣器产生的固有频率 f_0 相同。

【实验原理】

如图 20-2 所示，将麦克风放在 A 点，蜂鸣器逆时针转动，则蜂鸣器相对于麦克风的速度为 v_D，v_D 在蜂鸣器接近麦克风时为正，远离麦克风时为负，接收器（麦克风）处于静止状态，则 f 和 f_0 的关系就可由多普勒效应给出

$$f = f_0 \frac{v_S}{v_S + v_D} \tag{20-1}$$

式中，v_S 为声速。

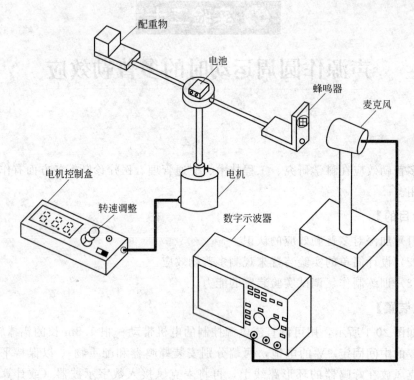

图 20-1　实验装置示意

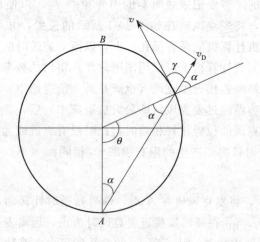

图 20-2　几何图示

由图可知 $v_D = v\cos\gamma$（其中 v 为蜂鸣器的切向速度，γ 是 v 和 v_D 之间的夹

角）。设 T 为蜂鸣器的旋转周期，R 为半径，则有 $v=\dfrac{2\pi R}{T}$，于是

$$v_{\mathrm{D}}=\frac{2\pi R\cos\gamma}{T} \tag{20-2}$$

由图 20-2 所示的角度关系可知 $\theta+2\alpha=\pi$，$\alpha+\gamma=\dfrac{\pi}{2}$，求解 γ，得 $\gamma=\dfrac{\theta}{2}$。

如果切向速率 v 不变，则 $\theta=\dfrac{2\pi t}{T}$，则有 $\gamma=\dfrac{\pi t}{T}$。将 γ 代入式（20-2）得到

$$v_{\mathrm{D}}=\frac{2\pi R}{T}\cos\frac{\pi t}{T} \tag{20-3}$$

将 v_{D} 代入式（20-1），得

$$f=f_{0}\left(\frac{v_{\mathrm{S}}}{v_{\mathrm{S}}+\dfrac{2\pi R}{T}\cos\dfrac{\pi t}{T}}\right) \tag{20-4}$$

当蜂鸣器处于 B 点时，$v_{\mathrm{D}}=0$，此时 $f=f_{0}$。当蜂鸣器接近 A 点时，$v_{\mathrm{D}}=v$，然而当蜂鸣器刚一经过 A 点，则 $v_{\mathrm{D}}=-v$，则麦克风接收到的频率由最大值迅速降低到最小值。

【实验内容和步骤提示】

根据实验要求，设计、制作、调试装置的各个部分，包括蜂鸣器、电机控制盒的电路设计、元件安装。进一步熟悉数字示波器的使用，尤其是对频谱分析功能的学习和操作的掌握。制订详细的实验计划。

用旋转的圈数除以时间可以得到周期，也可以直接观察图谱，找出相邻的频率峰值之间的时间，得出周期 T。当然，电机控制盒上的转速数显表显示的值更方便得出周期 T。另外，从蜂鸣器静止时的图谱上我们可以找出 f_{0}。通过式（20-4）计算得到理论值，数字示波器（或计算机）上图谱分析得到实验值，实验数据填入表 20-1 中。作图（图 20-3）并分析实验结果。

表 20-1　声源转动一周的实验值 $f_{实}$ 与理论值 $f_{理}$

t/ms	$f_{理}/\mathrm{Hz}$	$f_{实}/\mathrm{Hz}$	f_0/Hz	$E_r/\%$

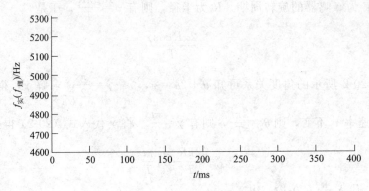

图 20-3　频率变化曲线

【思考题】

(1) 举例说明你所知道的多普勒效应的应用。

(2) 与常用方法相比较,本实验装置在观测多普勒效应上有何特点?

(3) 拟定安装调试实验装置的方法和步骤。

【参考文献】

[1]　赵旭光. 浅谈多普勒效应 [J]. 现代物理知识,2003(2):20-21.

[2]　刘方礼,司明扬. 用差频方法演示可闻声多普勒效应 [J]. 物理实验,1990,10(2):61-62.

[3]　闵大镒. 信号与系统 [M]. 成都:电子科技大学出版社,1998.

[4]　傅廷亮. 计算机模拟技术 [M]. 合肥:中国科学技术大学出版社,2001.

[5]　童培雄,刘贵兴,沈元华. 多普勒效应测速实验 [J]. 物理实验,2000,20(2):35.

[6]　赵凯华,罗蔚茵. 力学 [M]. 北京:高等教育出版社,1997.

[7]　陆正兴,王亚伟. 声波多普勒效应综合实验 [J]. 物理实验,2002,22(7):35.

声悬浮现象的研究

声波是经典物理学长期研究的对象，并由此揭示了一般纵波的各种振荡、波动、传输特征，为日后其他各种波的研究和各领域的应用打下了扎实的理论基础。而声悬浮现象的应用，也为诸如金属无接触悬浮熔炼、晶体悬浮生长开辟了新的技术手段。

【实验目的】

（1）了解声波、超声波的一般传播规律和声波传播空间的空气密度的变化规律。

（2）学习运用声悬浮现象测量声速的实验思路与方法。

【实验装置】

实验装置如图 21-1 所示，压电陶瓷和平板玻璃相互平行，在垂直于地面的方向构成声波的谐振腔体。

压电陶瓷具有很好的频率选择性，极易获得单一频率的声波；平板玻璃是近似作为理想的全反射材料来应用的。压电陶瓷和平板玻璃之间的距离连续可调并附以长度测量装置。另外，由信号发生器为压电陶瓷提供电振荡并由频率计测量其频率。实验中选用超声波作为声源。

【实验原理】

单一频率超声波在上述声波谐振腔体内传播，其入射、反射两列波相干形成驻波。驻波振幅在谐振腔体内相对空间位置呈周期性的极大、零、再到极大的分布，且相邻极大值或零值之间的距离均为该超声波的半波长。当声波谐振腔的长度恰好是该超声波半波长的整数倍时产生谐振；在波源强度不变的条件下，驻波振幅获得最大值。同时，各驻波质点位移波节处获得声压的最大值。将一物体置于谐振腔内，当它上下两面受到的压力之差足以克服其自身重力时，该物体会被悬浮起来。

由于声波引起空气振动产生的声压使压电晶体表面产生的形变非常小，从而运用共振驻波法测量声速的实验以及相关波动知识可知具有定解条件的波动方程为

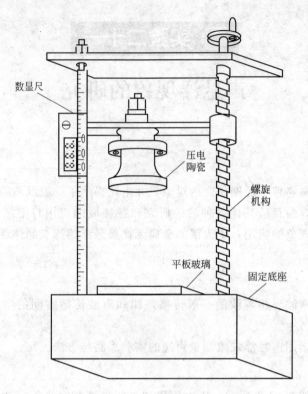

图 21-1 实验装置示意

$$u_{tt} - a^2 u_{xx} = 0$$
$$u|_{x=0} = A\sin\omega t \qquad\qquad (21\text{-}1)$$
$$u|_{x=l} = 0$$

式中，u 为质点位移；A 为振幅；ω 为角频率；a 为波速；l 为谐振腔长度。求解方程组（21-1），可得

$$u = \frac{A}{\sin\dfrac{\omega}{a}l}\sin\left[\frac{\omega}{a}(l-x)\right]\sin\omega t \qquad\qquad (21\text{-}2)$$

根据声学理论有
$$\frac{\partial p}{\partial x} = -\rho_0 \frac{\partial^2 u}{\partial t^2} \qquad\qquad (21\text{-}3)$$

式中，ρ_0 为空气平衡时的密度；p 为声压强。求解方程式(21-2) 和式(21-3) 得

$$p = \frac{A\rho_0\omega a}{\sin\dfrac{\omega}{a}l}\cos\left[\frac{\omega}{a}(l-x)\right]\sin\omega t \qquad\qquad (21\text{-}4)$$

从而在相同时刻的 2 个不同位置的声压强差为

$$\Delta p = p_{x_1} - p_{x_2} = \frac{A\rho_0 \omega a}{\sin\frac{\omega}{a}l}\sin\omega t \cdot \left[\cos\frac{\omega}{a}(l-x_2) - \cos\frac{\omega}{a}(l-x_1)\right]$$

$$= \frac{2A\rho_0 \omega a}{\sin\frac{\omega}{a}l}\sin\omega t \cdot \sin\frac{\omega}{a}(l-x_中) \cdot \sin\frac{\omega h}{2a} \tag{21-5}$$

式中，$x_中 = \frac{x_1+x_2}{2}$；h 为悬浮物的厚度。悬浮时要求谐振腔产生谐振的长度 $l = n\frac{\lambda}{2}$。

若声源强度不变，当 $\left|\sin\left[\frac{\omega}{a}(l-x_中)\right]\right| = 1$ 时，谐振腔内的超声波产生谐振，有效声压差达最大，小薄块悬浮于腔中。由 $\left|\sin\left[\frac{\omega}{a}(l-x_中)\right]\right| = 1$，可知 $x_中 = l - \frac{n\pi}{2k}(n = 1, 3, 5, \cdots, k = \frac{\omega}{a})$，这些位置均为质点位移的波腹，且 $\Delta x_中 = \frac{\lambda}{2}$。由于 h 很小，所以有 $x_中 \approx x_1 \approx x_2$，从而由 $x_中 = l - \frac{n\pi}{2k}$（$n = 1$，3，5，$\cdots$）可知，第一个小薄块停留在 $x = \frac{\lambda}{4}$ 处。若声源强度不变，当 $\left|\sin\left[\frac{\omega}{a}(l-x_中)\right]\right| = 0$ 时，有效声压差达最小，此时的 $x_中$ 满足 $x_中 = l - n\frac{\pi}{k}(n = 1, 2, 3, \cdots)$。

小薄块到达平衡位置的原因分析：由于各小薄块到达平衡位置的原理相同，在此以最底的小薄块作为研究对象进行分析。当小薄块放在平板玻璃上时，小薄块受到的压力差最小。由于声波频率很高及从零位置到 $\frac{\lambda}{4}$ 处声压差依次增大，所以当某时刻小薄块受一微小的扰动，在接下来的时间内小薄块就会自动的向上运动并停留在 $\frac{\lambda}{4}$ 处。

【实验内容与步骤提示】

根据实验组织制作、安装、调试实验装置的各个部分，学习文献资料，制订实验计划。

1. 运用声悬浮原理进行声速测量

谐振腔内的驻波达到谐振时，每个质点位移波腹处所形成的声压差最大，小纸片或金属薄块在此处被悬浮起来。小薄块均位于驻波质点位移波腹处。关于间距的测量是将数字千分尺（例如光栅尺、容栅尺或波导直线位移传感器等）通过精密螺旋机构与谐振腔长度调节联动。仅放置 1 个被悬浮物样品于谐振腔内，在不改变压电陶瓷振动频率的条件下改变谐振腔长度，使其由短到长，在每 1 次物体被悬浮时，就认为声压差达最大，并记录相应的谐振腔长度数据。而最小相邻的谐振腔长度数据之差，就是该单一频率超声波的半波长。实验所得数据填入表 21-1 中。用逐差法处理数据。求出在 f_1，f_2 两种情形下声速 v_1，v_2 的平均值。

表 21-1　实验数据

声悬浮位置	声悬浮距离平均值/mm	
	$f_1 = 35.617\text{kHz}$	$f_2 = 357.455\text{kHz}$
0		
1		
2		
3		
4		
5		
6		
7		
8		

2. 悬浮物的特性分析

实验所用超声波的功率约为 0.7W。通过实验会发现，在同等功率且薄块面积相同的条件下，小薄块的密度越小，能被浮起的厚度就越大。将几种悬浮物的测量数据填入表 21-2 中。

表 21-2　几种悬浮物的测量数据

悬浮物	密度/(g·cm^{-3})	厚度测量值/mm		厚度参考值/mm
铝薄片	2.7	1		0.43
		2		
		3		
纸片	2.7～3.4	1		0.41
		2		
		3		
泡沫	0.3～0.4	1		0.75～1
		2		
		3		

续表

悬浮物	密度/(g·cm^{-3})	厚度测量值/mm		厚度参考值/mm
铅薄片	11.4	1		0.04
		2		
		3		

关于悬浮物的特性理论分析（仅供参考）。

由式（21-5）可知，面积为 S 的小薄块上下表面在 x_1，x_2 所受的净压力差为

$$\Delta \rho \cdot S = \frac{A\rho_0 \omega a}{\sin \frac{\omega}{a}l} \sin\omega t \cdot \left[\cos \frac{\omega}{a}(l-x_2) - \cos \frac{\omega}{a}(l-x_1)\right] \cdot S$$

$$= \frac{2A\rho_0 \omega a}{\sin \frac{\omega}{a}l} \sin\omega t \cdot \sin \frac{\omega}{a}(l-x_{中}) \cdot \sin \frac{\omega h}{2a} \cdot S \tag{21-6}$$

由 Taylor 展开式有

$$\sin \frac{\omega h}{2a} = \frac{\omega h}{2a} - \frac{1}{3!}\left(\frac{\omega h}{2a}\right)^3 + \cdots \tag{21-7}$$

由于小薄块的厚度 h 很小，取一级近似代入式（21-6）得

$$\Delta p \cdot S = S\frac{A\rho_0 \omega^2 h}{\sin \frac{\omega}{a}l} \sin\omega t \cdot \sin \frac{\omega}{a}(l-x_{中}) \tag{21-8}$$

由于 $l = n\frac{\lambda}{2}$，$k = \frac{\omega}{a}$，所以 $\sin \frac{\omega}{a}l \to 0$，从而

$$\Delta p \cdot S \gg \rho_0 g h S \tag{21-9}$$

所以小薄块所受的浮力可以忽略不计。故而小薄块受力之差为

$$\Delta p \cdot S - mg = S\frac{A\rho_0 \omega^2 h}{\sin \frac{\omega}{a}l} \sin\omega t \cdot \sin \frac{\omega}{a}(l-x_{中}) - \rho g h S \tag{21-10}$$

对式（21-10）做定性分析可知，当小薄块密度 ρ 较小时，浮起小薄块的厚度 h 就可以大一些；当密度 ρ 较大时，浮起的小薄块的厚度 h 就相应会小一些。

【思考题】

(1) 如何正确理解声悬浮原理？

(2) 怎样调节和确定实验装置形成的谐振腔内驻波达到了谐振？

(3) 如何观测和分析悬浮物的特性？

(4) 举例说明声悬浮现象在工业上的应用。

【参考文献】

[1] 梁昆淼. 数学物理方法 [M]. 北京:高等教育出版社,1998.

[2] 高永慧,王冰. 用超声波测量混合介质中的含气量 [J]. 物理实验,2004,24(11):26-29.

[3] 朱鹤年. 物理实验研究 [M]. 北京:清华大学出版社,1994.

[4] 梁华翰. 大学物理实验 [M]. 上海:上海交通大学出版社,1996.

热声制冷效应实验

热声制冷是 20 世纪 80 年代提出来的制冷方式。世界上第一台采用扬声器驱动的热声制冷机是 1985 年由美国海军研究生院的 Hofler 研制成功的。虽然热声制冷机目前还处在试验样机和某些特殊场合应用的阶段（如冷却航天飞机上的红外传感器及海军舰船上的雷达电子系统等），但因其在稳定性、使用寿命、环保（使用无公害的流体为工作介质）及无运动部件等方面的优势以及在普冷和低温等领域潜在的应用前景，近二三十年来，热声制冷机迅速成为了制冷领域一个新的研究热点。

【实验目的】

(1) 学习和掌握热声制冷原理。

(2) 学习制作热声堆。

(3) 以空气作工质，搭建一套热声制冷效应的实验验证装置。

【实验原理】

热声效应指由于处在声场中的固体介质与振荡流体之间的相互作用，使得距固体壁面一定范围内沿着（或逆着）声传播方向产生热流，并在这个区域内产生（或者吸收）声功的现象。按能量转换方向的不同，热声效应可分为 2 类：一是用热来产生声，即热驱动的声振荡；二是用声来产生热，即声驱动的热量传输。扬声器驱动的热声制冷机是按照第二类原理进行工作的。只要具备一定的条件，热声效应在行波声场、驻波声场以及两者结合的声场中都能发生。下面以驻波型热声制冷机为例简述热声制冷的基本原理。

设在传声介质中插入一固体平板，使板面平行于声介质振动方向。考虑一个气体微团在一定声频率下沿平板作往复运动的情况（如图 22-1 所示，圆的大小形象地表示气体微团体积的大小）。

设初始状态时气体和平板的温度均为 T，气团在声压作用下由位置 1（$X = 0$，状态 1）运动到位置 2（$X = X^+$ 处，状态 2），因为此过程中气团被绝热压缩，所以气团温度升为 T^{++}，于是，将有热量 Q_1 由气团流向平板；失去热量

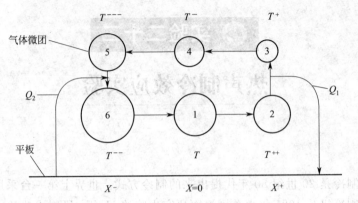

图 22-1　热声制冷原理示意

的气团体积变小，同时，温度降为 T^+（状态3）；随后，气团又在声压的往复振荡作用下向左回到位置4（状态4）状态，因为此过程中气团被绝热膨胀，所以气团温度降为温度 T^-；声压继续向左振荡使气团绝热膨胀到位置5（$X=X^-$，状态5），温度降为 T^{---}，此时气团的温度低于平板的温度，于是就有热量 Q_2 由平板流向气团，吸热后的气团等压膨胀，同时温度升为 T^{--}（状态6）；此后声波向右振荡使气团绝热压缩，又回到位置1（状态1），完成1个热力循环。循环结果，热量从平板 X^- 处转移到了 X^+ 处。这是单个气体微团的情况。事实上，平板附近有无数气团，它们的运动情况相同，所有这些与平板进行热交换的气团连成振荡链，就像接力赛一样将平板左端（冷端）的热量输送到右端（热端），实现泵热。

【实验装置】

热声制冷实验装置由功率信号源、示波器、扬声器、谐振管、热声堆、铝塞、测温探头（温差电偶）、数字式温度计等组成，如图 22-2 所示。就制冷装置而言，扬声器、谐振管和热声堆是主要部件。

功率信号源（可用信号发生器及功率放大器代替）产生一定频率的声振动，推动扬声器。扬声器发出的声波（机械能）在谐振腔内成为制冷做功的动力。本实验采用的是 1 只 40W 的普通扬声器，实践证明有较好的制冷效果。谐振腔是内径为 25mm、长为 $L=385$mm 的有机玻璃管，它通过 1 块中心有一圆孔，其半径与谐振管相等的薄树脂板盖在扬声器上（用垫圈），谐振管的长度决定了系统的谐振频率。根据声学理论，对于均匀有限长管的管内声场，只有当管长为声波波长的 $\frac{1}{4}$ 时，才会产生谐振现象，此时振幅最大，制冷效果最为明显。设空气中的声速 $c=340$m/s，则谐振频率

$$f = \frac{c}{\lambda} = \frac{c}{4L} \approx 221\,\text{Hz}$$

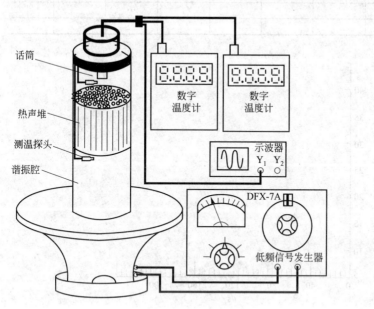

图 22-2　热声制冷实验装置示意　　　　图 22-3　热声堆结构示意

考虑到温度对声速的影响以及管端口误差，实际频率略有偏差。为了准确选定工作频率，在铝塞内安放了微型话筒，并将话筒（可通过计算机）接在示波器上。系统工作时，先在示波器上寻找振幅最大的谐振峰，以此来确定实验中的谐振频率。本实验的实际工作频率应该与理论值（计算值）比较接近。

热声堆是该制冷装置的关键部分。有平板型、多孔材料型及针棒型等多种型式。制作热声堆主要考虑热渗透深度。另外，板叠中心位置和长度也是 2 个很重要的参数。目前，选板叠型式，优化参数主要由实验确定。实验所采用的热声堆是由 1 组短细管构成，其结构示意如图 22-3 所示。热声堆在谐振腔内的位置可调。

在热声堆上方有一铝塞，它将谐振管的上端口封住。铝塞上开一小细槽，将测温探头置于热声堆的上、下部腔内，由数字式温度计分别读出系统工作前后的空气的温度。

【实验内容与步骤提示】

根据要求制作完成实验装置，安装调试正常后，进行以下实验内容。

接通信号源，调节其输出频率使示波器上话筒输出信号为最大，得到系统的谐振频率，每隔 5s 同时记录 2 支温度计的示值，填入表 22-1 中。作出热声堆两端温度 T 与时间 t 关系图。

表 22-1 热声堆温度

时间 t/s	0	5	19	20	$\cdots$	195	200
热声堆上部温度 $T_{上}/℃$					$\cdots$		
热声堆下部温度 $T_{下}/℃$					$\cdots$		

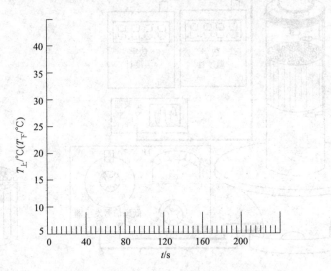

图 22-4 热声堆两端温度随时间变化

由图表分析实验结果。例如，系统运行多长时间制冷效果就十分明显？影响热声制冷效应的因素有哪些？等等。都可以利用这套搭建的热声制冷效应实验装置进行探讨。

【思考题】

（1）热声制冷的基本原理是什么？

（2）热声制冷实验装置主要部件有哪些？它们各自的作用是什么？

（3）在制作、安装、调试实验装置过程中，应当采取哪些措施，才能获得明显的制冷效果？

（4）如何制作短细玻璃管构成的热声堆？

（5）如何选择测温探头类型和安装位置？

【参考文献】

［1］ 欧阳录春，蒋珍华，俞卫刚等. 扬声器驱动热声制冷机的研究进展[J]. 应用声学，2005，24（1）：59-65.

［2］ 曹正东，马彬，陈润等. 热声效应及其实[J]. 物理实验，2004，24(12)：7-9.

［3］ Swift G W. Thermoacoustic engines[FJ]. J. Acoust. Soc. Am. ，1988，84(4)：1145-1180.

［4］ Garrett S L，Holler T J. Thermoacoustic refrigeration[J]. ASHRAE Journal，1992，34(12)：28-36.

［5］ 杜功焕，朱哲民，龚秀芬. 声学基础[M]. 南京：南京大学出版社，2001.

【附录】

热声堆制作提示：

材料：内径 1~1.2mm 玻璃毛细管，AB 胶及胶带等。

步骤：首先将玻璃毛细管切成约 2~3cm 长，再用 AB 胶粘成一束，裁切玻璃管时需留意切口锋利勿伤人。玻璃毛细管束要能轻松塞入有机玻璃管（谐振腔）中，并且注意 AB 胶不要堵住毛细管口，玻璃毛细管束于是构成许多轴向穿孔（图 22-2），AB 胶黏合处尽可能靠近玻璃毛细管束的一端（不需整支毛细管都涂满 AB 胶）。

声音在颗粒物质中的传播特性测量

颗粒物质是指大量固体颗粒间相互作用组成的复杂体系，该体系中颗粒粒径大于 $1\mu m$。如果颗粒无黏性，那么它们之间只有斥力，材料的形状将取决于外边界和重力场。如果颗粒是干燥的，任何间隙物质，比如空气，对颗粒系统的很多流动和静态性质的影响通常可以忽略。然而，尽管这些看起来很简单，但颗粒态与其他熟悉的物质形态——固态、液态和气态有着完全不同的性质，因此可以把颗粒态看成是物质的另外一种形态。颗粒物质研究已经成为现代软凝聚态研究中的前沿问题。本实验只在原有声速测定装置上增加了一些玻璃珠，学生即可了解现代软凝聚态前沿研究中颗粒物质的性质。

【实验目的】

（1）让学生在学习了最基本的测量方法同时，也接触到了现代科学研究前沿的内容。

（2）了解现代软凝聚态前沿研究中颗粒物质的性质。

（3）进一步研究压力对声音在颗粒物质中传播的作用。

【实验装置】

实验装置如图 23-1 所示，图中 S_1 和 S_2 为压电晶体换能器，S_1 作为声波源，它被低频信号发生器输出的交流电信号激励后，由于逆压电效应发生受迫振动，并向空气中定向发出近似的平面声波；S_2 为超声波接收器。测试仪信号源，可发射脉冲波和连续波。用示波器可观测 S_1 的发射信号和 S_2 的接收信号，测量玻璃珠中的声速时，把 S_1 和 S_2 放入装有平均直径为 0.5mm 玻璃珠的容器中。

【实验内容和步骤提示】

测量玻璃珠中声速实验中，测试仪信号源采用发射脉冲波形式，它是每组 10 个的方脉冲，每组间隔为 15ms，每个脉冲间隔为 $20\mu s$。图 23-2 所示是 S_2 位于某位置 L 时接收信号的波形图。因为入射的是脉冲方波信号，其中包含频率成分比较多，而传感器（S_2）有一定的频率选择性，所以接收波形是一个波包，其中第一条虚线是时间原点（可以任意选择原点位置），第二条虚线是 S_2 传感器

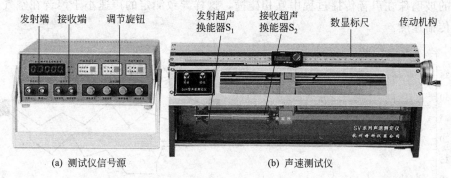

发射端　接收端　调节旋钮　发射超声换能器S₁　接收超声换能器S₂　数显标尺　传动机构

(a) 测试仪信号源　　　　　　　　(b) 声速测试仪

图 23-1　实验装置

最早接收到的信号对应的时间点，从示波器中可以直接读出位置 L 对应的时间差 Δt，改变 S_2 的位置，示波器中波包的位置要发生变化，S_2 传感器最早接收到的信号对应的时间点也发生变化，测出各组数据，填入表 23-1 中。做出位置-时间关系曲线，就可以得到声音在玻璃珠与空气复合介质中声速。

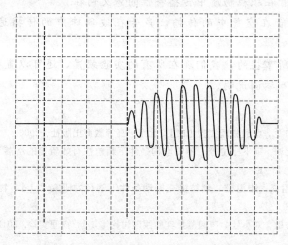

图 23-2　方波脉冲经过玻璃珠后形成的波形

表 23-1　测量数据

L/mm	12.50	15.00	17.50	20.00	22.50	25.00	27.50	30.00	32.50	35.00
$\Delta t/\mu\mathrm{s}$										

　　根据测量数据作图 23-3，可以验证传感器（S_2）位置与时间 Δt 基本上成线性关系，做线性最小二乘拟合，线性相关系数非常接近 1，直线的斜率就是要测的声速。

　　声音在玻璃珠中传播其实是声音在空气和玻璃组成的复合介质中传播，情况非常复杂。现代理论认为压力声波沿着力链传播，如图 23-4 所示，沿着力链排列的玻璃珠在声音传播过程中互相碰撞，这样导致测定的声速小于声音在空气中的传播速度。

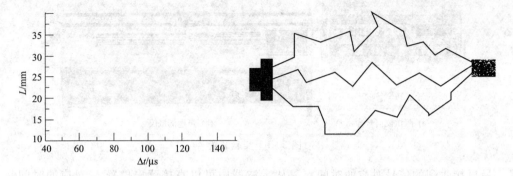

图 23-3　实验数据处理　　　　　　图 23-4　玻璃珠中力链的示意图

【思考题】

（1）观测声音在颗粒物质中传播特性的意义何在？

（2）比较声音在空气中的传播，声音在玻璃珠中的传播速度降低了，为什么？

（3）根据你所掌握的，我们现在所有的实验装置，还可以直接（或间接）测量哪些物理参量？举例说明。

【参考文献】

［1］　沈元华，陆申龙．普通物理实验［M］．北京：高等教育出版社，2003．

［2］　史庆藩，潘北诚，阿卜杜拉等．不同堆构条件下颗粒柱有效质量的涨落［J］．物理实验，2011，31(7)：45-46．

［3］　骆子喻，张雷锋，鲍德松．颗粒链在振动条件下的行为研究［J］．物理实验，2010，30（12）：36-38．

［4］　王开圣，赵志敏，刘小廷．声速测量实验原理讨论［J］．物理实验，2012，30（3）：25-28．

实验二十四

利用蜂鸣片受迫振动测液体黏度

传统的测量黏度的方法是落球法。该方法需要很长的圆柱形容器，还要精确测量小球的速度，在生产和生活中这种方法不够方便快捷。本实验利用蜂鸣片的传感器特性，通过测量蜂鸣片在液体中受迫振动时的谐振频率来确定液体黏度。

【实验目的】

（1）学习和掌握液体中振动物体的谐振频率测量方法。

（2）通过求得的液体阻尼系数来确定液体的黏度。

【实验原理】

质量为 m 的蜂鸣片在液体中作受迫振动时的运动方程为

$$m\left(\frac{\mathrm{d}^2 x}{\mathrm{d}t^2} + 2\beta\frac{\mathrm{d}x}{\mathrm{d}t}\,\omega_0^2 x\right) = m f_0 \sin\omega t \qquad (24\text{-}1)$$

式中，β 是阻尼系数；ω_0 是固有频率；$m f_0\sin\omega t$ 是频率固定的周期性外力。方程解取如下形式

$$x = x_0 \sin(\omega t + \phi) \qquad (24\text{-}2)$$

对 x 求微商，有

$$\frac{\mathrm{d}x}{\mathrm{d}t} = \omega x_0\cos(\omega t + \phi)$$

$$\frac{\mathrm{d}^2 x}{\mathrm{d}t^2} = -\omega^2 x_0\sin(\omega t + \phi)$$

则运动方程（24-1）可写为

$$(\omega_0^2 - \omega^2)x_0\sin(\omega t + \phi) + 2\beta\omega x_0\cos(\omega t + \phi) = f_0\sin\omega t \qquad (24\text{-}3)$$

通过一系列推导得到受迫振动的振幅为

$$x_0 = \frac{f_0}{\sqrt{(\omega_0^2 - \omega^2)^2 + (\beta\omega)^2}} \qquad (24\text{-}4)$$

我们关心的是在共振情况下使振幅 x_0 达到最大值的 ω_m（亦即振幅共振频率）。共振的情况下，外加周期力的 ω 应与系统的固有频率 ω_0 相等。因为有阻

尼系数 β 的影响，实际上 ω 与 ω_0 不相等。我们注意到式(24-4) 的微商为零的条件是

$$\frac{d}{d\omega}[(\omega_0^2-\omega^2)^2+(\beta\omega)^2]=2(\omega_0^2-\omega^2)(-2\omega)+2\beta^2\omega=0 \tag{24-5}$$

由此式可以得到

$$\omega_m=\sqrt{\omega_0^2-2\beta^2} \tag{24-6}$$

由式(24-6) 可知，通过比较系统的固有频率以及其外加频率，可以求出阻尼系数 β。如果谐振子是球而不是蜂鸣片，由 $F=6\pi\eta rv$ 和阻尼力 $F=2\beta mv$，很容易得到

$$\eta=\frac{\beta m}{3\pi r}=k\beta$$

现在谐振子是圆片，k 需要通过实验方法来确定。

【实验装置】

测试装置如图 24-1 所示，将蜂鸣片的两端同时并联在示波器测量输入端和信号发生器的输出端上。温控仪通过温感探头实现对加热炉升温控制，所控温度由温控仪事先设定。

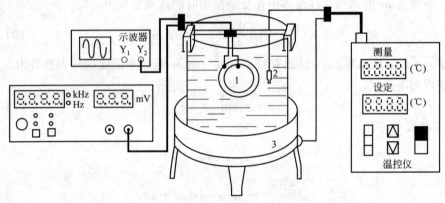

图 24-1　测试实验装置示意
1—蜂鸣片；2—温感探头；3—加热炉

【实验内容和步骤提示】

根据实验要求，设计、制作、组装本实验的附件和测试系统，调试和设定实验装置的基本参数。

通过对蜂鸣片在空气中以及 100 #真空泵油里的谐振频率的测量，可以得到频率随温度的变化规律。

蜂鸣片放到机油中，由于受到液体的阻碍，由示波器数据显示的谐振频率和

谐振电压明显低于空气中的数据。改变信号发生器的频率，示波器上的电压会有变化，因为信号发生器的输出功率恒定，当出现电压的最小值时，蜂鸣片处于陷波状态，此时的频率就是蜂鸣片的谐振频率。盛放液体的烧杯可以直接加热，这样就可以测量在不同温度下液体中的蜂鸣片的谐振频率。谐振频率随温度的变化数据填入表 24-1 中。在同一坐标下做在空气中和新油中（或旧油中）两者谐振频率随温度的变化关系曲线（图 24-2）。

表 24-1 实验数据

$\theta/^{\circ}\text{C}$	谐振频率/kHz		
	空气中	100♯新油	100♯旧油
10			
15			
20			
25			
……	……	……	……
90			
95			
100			
105			

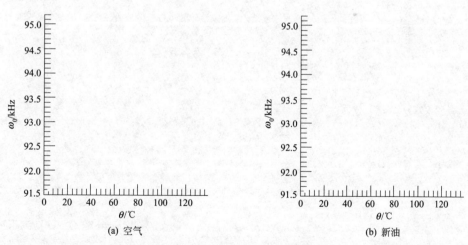

图 24-2 谐振频率随温度变化曲线

通过对蜂鸣片在空气中以及 100♯油里的谐振频率的测量，可以看到频率随温度的变化基本上是单值函数。在 40～80℃ 的范围内，油的曲线斜率与空气的曲线斜率基本保持一致，这就表明真空泵油在正常的工作温度范围内，它的黏度变化很小，因油中掺有提高油性的化学物质。从新旧两种油的曲线对比看，新油随温度升高黏度略有升高，而旧油反之，说明旧油质量变差。

【思考题】

(1) 蜂鸣片的结构特点、物理性能以及等效电路各是什么？

(2) 常用来测量液体黏度的方法有哪些？各自的特点是什么？

(3) 如何获得不同温度下液体中蜂鸣片的谐振频率？

【参考文献】

［1］ 俞嘉隆 . 压电晶体换能器在声学实验中的调配［J］. 物理与工程，2005，15(4)：34-35.

［2］ 王永洪，范世福，孙振东等 . 新型液体黏度自动测量仪的研制［J］. 仪器仪表学报，1994，15(2)：214-216.

［3］ 丁祖荣 . 流体力学(上册)［M］. 北京；高等教育出版社，2003.

［4］ 赵凯华 . 新概念物理教程·力学(下)［M］. 北京：高等教育出版社，1995.

旋转液体实验装置的设计与制作

旋转液体现象以其直观性、生动性，往往能激发起学生做实验的兴趣，然而国内相应的旋转液体实验装置很少，国外现行的旋转液体的实验装置仅能分析旋转液体的角速度与液面最低点的函数关系，可做的物理实验内容是有限的。本实验学习制作的一套研究旋转液体的实验装置，利用激光研究旋转液体，丰富了对旋转液体的研究的内容。在计时和位置测量方面进行了重新设计，从实验的过程分析，测量精度和操作稳定性都得到了显著的提高。适合于大学物理实验教学需要。

【实验目的】

(1) 了解和研究旋转液体现象。

(2) 通过对液体表面性质的观测获得重力加速度值。

(3) 研究旋转液体表面成像规律。

【实验装置】

实验装置如图 25-1 所示。主要由支架和附件部分、旋转液体特性测控箱部分组成。

设计制作的旋转液体实验装置有以下特点。

实验中为了即时读出转速，对转速实行实时监控和观测圆筒是否均匀转动，专门在转盘侧壁加装了一块小磁钢，用集成霍尔传感器进行检测。周期测量结果直接输入旋转液体特性测控箱旋转周期测试端口（图 25-1 中），可直接在屏幕上读出转速，满足了进一步细致研究的需要。另外，借助水平气泡仪易于进行水平调节。透明屏幕采用双轴固定在二根平行的支架上，稳定性好，适当加长二根支架，使得转速的小范围变化引起竖直方向上几厘米的焦点空间位置的移动，能够准确测出，获得多组数据。值得一提的是，在圆筒侧壁印上了坐标格，使得准确读取旋转液体液面位置成为可能，由此还多出一种测量重力加速度的方法（可从侧壁上读出旋转液面的最高点和最低点的高度差 Δh，联系旋转周期 T 可以推算出重力加速度 $g = \dfrac{\omega^2 R^2}{2\Delta h} = \dfrac{2\pi^2 R^2}{T^2 \Delta h}$）。透明屏幕上也加印毫米坐标格（用透明片静

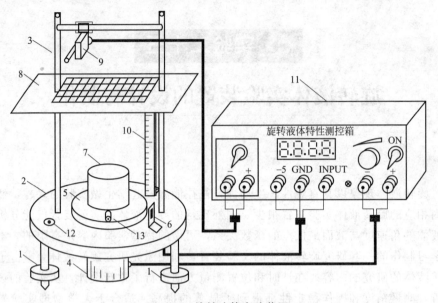

图 25-1　旋转液体实验装置

1—水平校准螺母；2—底座；3—支柱；4—旋转电机；5—转盘；

6—霍尔传感器；7—圆柱形容器；8—透明屏幕；9—半导体激光器；

10—竖尺；11—转速测量和直流电源组合仪；12—水平气泡；13—小磁钢

电复印可得），便于在屏幕上读取入射光点和反射光点的距离；采用光阑限制激光束的粗细，便于准确读出光点位置；在转盘底部距中心 $\dfrac{R}{\sqrt{2}}$ 处印上一圈黑线，便于准确而迅速地定出激光束的入射位置。

【实验内容及步骤提示】

　　根据要求制作完成实验装置，安装调试正常后，进行以下实验内容。

　　当装有液体的圆柱形容器绕其轴匀速旋转时，液体表面会呈现抛物面状。应用半导体激光器可以对液体表面性质进行一系列研究。

　　1. 测量重力加速度 g

　　图 25-2 为旋转液体的轴截面图，液面与轴截面的交线方程为

$$y = \frac{\omega^2 x^2}{2g} + y_0$$

因而

$$x^2 = \frac{2g}{\omega^2}(y - y_0)$$

上式为典型的抛物面方程，且在 $x = \dfrac{R}{\sqrt{2}}$ 处 y 值不随 ω 的改变而变化，旋转抛物面的焦距为

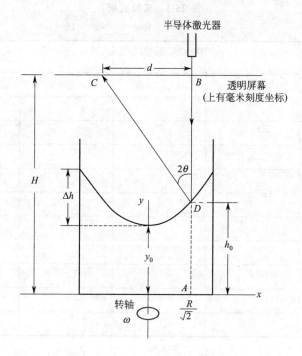

图 25-2　旋转液体的轴截面图

$$f = \frac{g}{2\omega^2} \tag{25-1}$$

BC 为透明屏幕，激光束竖直向下打在 $x = \dfrac{R}{\sqrt{2}}$ 的液面上的 D 点，反射光点为 C。D 处切线 x 方向的夹角为 θ，则 $\angle BDC = 2\theta$。实验中测出透明屏幕至圆筒底部的距离 H、液面静止时高度 h_0 以及两光点 B，C 的距离 d，则

$$\tan 2\theta = \frac{d}{H - h_0} \tag{25-2}$$

又因 $\tan\theta = \dfrac{\mathrm{d}y}{\mathrm{d}x} = \dfrac{\omega^2 x}{g}$，所以在 $x = \dfrac{R}{\sqrt{2}}$ 处有

$$\tan\theta = \frac{\omega^2 R}{\sqrt{2}\,g} = \frac{2\sqrt{2}\,\pi^2 R}{g T^2} \tag{25-3}$$

R，T 可直接测量，θ 可由式（25-2）算出，所以式（25-3）可求得 g。

实验数据记录于表 25-1 中，由表 25-1 数据作 $\tan\theta$-T^{-2} 图（图 25-3），可拟

合得一直线，其斜率为 k，由式（25-3）可知 $g = \dfrac{2\sqrt{2}\,\pi^2 R}{k}$。

表 25-1　实验数据

$R=$ ___　　　$H=$ ___　　　$h_0=$ _____

$n/(r/min)$	T	d	$\tan\theta$	T^{-2}

注：实验参考条件 R 为 $0.06m$；H 为 $0.18m$；h_0 为 $0.10m$。

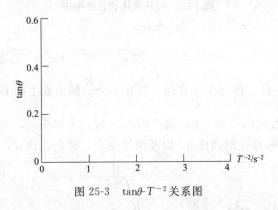

图 25-3　$\tan\theta$-T^{-2} 关系图

2. 验证式 (25-1) 所描述的旋转抛物面焦距 f 与 ω 的关系

如图 25-2 所示，旋转抛物面焦距 f 可以通过测量位于焦距处的透明屏幕高度 H，及液面最低点高度 y_0，由 $f=H-y_0$ 得到。测得多组 f 与 T 的值填入表 25-2 中，角速度 $\omega=\dfrac{2\pi}{T}$，研究 f 与 ω 关系，即测量 f 与 T 关系（画于图 25-4 中）。f 可由 $f=H-y_0$ 得到。假设 $f=\alpha T^{\beta}$，则

$$\ln f=\beta\ln T+\ln\alpha$$

即 $\ln f$ 与 $\ln T$ 为线性关系。求线性拟合后的方程、β。

表 25-2 f 与 T 关系数据

H/cm	y_0/cm	f/cm	T/s	$\ln(f/cm)$	$\ln(T/s)$

3. 旋转液体表面成像规律

给激光器装上有箭头状光阑的帽盖，其光束略有发散且在屏幕上成箭头状像。光束平行光轴在偏离光轴处射向旋转液体，经液面反射后，在屏上也留下了箭头。为了使此箭头看得更为清晰，在屏上铺一块半透明纸，使反射所成像落在上面。固定旋转周期 T，上下移动屏幕的位置，观察像箭头的方向及大小变化。实验发现，屏幕在较低处时，入射光和反射光留下的箭头方向相同；随着屏幕逐渐上移，反射光留下的箭头越来越小直至成一光点，随后箭头反向且逐渐变大。也可以固定屏幕，改变旋转周期 T，将会观察到类似的现象。

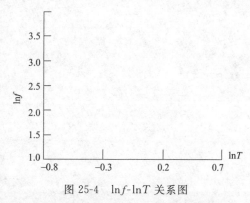

图 25-4 $\ln f$-$\ln T$ 关系图

【思考题】

(1) 旋转液体现象研究所包含的内容是什么？

(2) 在计时、位置测量方面采取了哪些措施来保证实验测量的精度和重复性？

(3) 旋转液体实验装置主要有哪些部分？安装和操作上有哪些要求？

【参考文献】

[1] 沈易，陆申龙．第32届国际物理奥林匹克竞赛力学与光学综合实验题解答与分析[J]．物理实验，2001,21(11)：26-31.

[2] 谷超豪．数学词典[M]．上海：上海辞书出版社，1992.

[3] 郑永令，贾起民．力学[M]．上海：复旦大学出版社，1989.

[4] 章志鸣，沈元华，陈惠芬．光学[M]．北京：高等教育出版社，1995.

利用旋转液体特性测量液体折射率

盛有液体的圆柱形容器绕其圆柱面的对称轴匀速转动时，旋转液体的表面将成为抛物面。抛物面的参数与重力加速度有关，利用此性质可以测重力加速度；旋转液体的上凹面可作为光学系统加以研究，还可测定液体折射率等；因此旋转液体实验是一个内容十分丰富的综合性实验。我们对旋转液体实验装置的圆柱形容器稍作改进，根据旋转液体的几何特性和折射定律，提出一种利用旋转液体特性测量液体折射率的方法。

【实验目的】

（1）进一步研究旋转液体的特性。

（2）利用旋转液体的几何特性和折射定律，测量液体的折射率。

（3）训练解决实际问题的能力。

【实验装置】

图 26-1 为旋转液体特性实验装置示意。透明屏幕上有毫米坐标，用于实验中读取入射光点与反射光点的距离，屏幕可在竖直方向上下移动。圆筒侧壁有毫米刻度线，用于读取液面高度，也可以用直尺测量。圆筒底部正中央有小标识，用以确定光轴。圆形转盘由直流电动机驱动，可通过调节直流电源的电压改变液体转动的角速度。用旋转液体物性仪测量液体旋转周期。仪器底座有气泡式水平仪，圆柱形容器的内径用游标卡尺测量。（装置详细介绍可参看《实验二十五旋转液体实验装置的设计与制作》中的相关内容）为了便于测量液体折射率，在原仪器的圆形容器底面加装圆形平面镜，用以加强容器底面反射光线的强度。

【实验原理】

半径为 R 盛有液体的圆柱形容器，当圆柱体绕对称轴以角速度 ω 匀速稳定转动时，液体的表面将成为抛物面。设 x 轴为水平方向，y 轴为垂直水平面向上方向，抛物面的方程为

$$y = \frac{\omega^2 x^2}{2g} + h_0 - \frac{\omega^2 R^2}{4g} \tag{26-1}$$

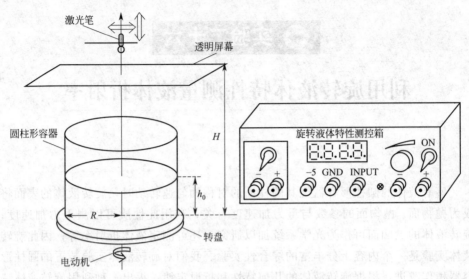

图 26-1 旋转液体特性实验装置示意

式中，h_0 是圆柱形容器内液体静止时液面高度；g 是重力加速度。当 $x = x_0 = \dfrac{R}{\sqrt{2}}$ 时，由式（26-1）得 $y(x_0) = h_0$，即液面在 x_0 处的高度是恒定的，它不随旋转圆柱体的转动角速度改变而改变，这个液面高度不变的圆周上的点称为不动点。

利用旋转液体特性测液体折射率实验原理可通过如图 26-2 所示讨论。设圆柱形容器内液体静止时液面高度为 h_0，当液体旋转起来后，根据旋转液体性质，在距圆柱形容器中心轴 $\dfrac{R}{\sqrt{2}}$ 处旋转液体的高度仍为 h_0，不随旋转液体的转动角速度改变而改变。调节激光笔使激光束竖直入射到旋转液体液面的不动点 B 处。设入射光线为 AB，经抛物液面反射的光线为 BC，其中 A 和 C 分别为入射光线和反射光线与水平半透明屏幕的交点，经过抛物面折射后的光线为 BD。θ_1 为入射光线 AB 的入射角，θ_2 为折射光线 BD 的折射角。设液体折射率为 n，根据折射定律有

$$n = \frac{\sin\theta_1}{\sin\theta_2} \tag{26-2}$$

下面来计算 θ_1 和 θ_2。设 B 点在圆柱形容器底面的投影点为 F。设经过圆柱形容器底面反射镜反射的光线为 DE，E 为反射光线 DE 和透明圆柱形容器侧壁交点，E 在圆柱形容器底面的投影为 G 点。由图 26-2 有

$$\theta_1 = \frac{1}{2}\angle ABC = \frac{1}{2}\arctan\frac{\overline{AC}}{\overline{AB}} \tag{26-3}$$

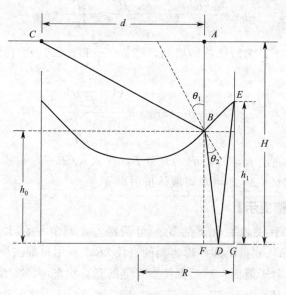

图 26-2　旋转液体特性测液体折射率实验原理

$$\theta_2 = \theta_1 - \angle FBD = \theta_1 - \arctan \frac{\overline{FD}}{\overline{BF}} \tag{26-4}$$

另有几何关系△BDF∼△EDG，则有

$$\frac{\overline{FD}}{\overline{GD}} = \frac{\overline{BF}}{\overline{EG}} \tag{26-5}$$

又因$\overline{GD} = \overline{FG} - \overline{FD}$，将$\overline{GD}$和式（26-5）代入式（26-4）有

$$\theta_2 = \theta_1 - \arctan \frac{\overline{FG}}{\overline{EG} + \overline{BF}} \tag{26-6}$$

设透明屏幕上部到圆柱形容器底面的距离为 H，$\overline{EG} = h_1$，$\overline{AC} = d$。已知 $\overline{BF} = h_0$，$\overline{AB} = H - h_0$，$\overline{FG} = R - \dfrac{R}{\sqrt{2}}$。将上述 $\overline{AB}$，$\overline{AC}$，$\overline{FG}$，$\overline{EG}$，$\overline{BF}$ 的结果代入式（26-3）和式（26-6）得

$$\theta_1 = \frac{1}{2} \arctan \frac{d}{H - h_0} \tag{26-7}$$

$$\theta_2 = \theta_1 - \arctan \frac{R - \dfrac{R}{\sqrt{2}}}{h_1 + h_0} \tag{26-8}$$

调节转速 ω 使点 E 恰好打在抛物液面与容器壁的交线上，则 E 点距圆柱形容器底面的距离 h_1 满足抛物线方程式（26-1），则有

$$h_1 = \frac{\omega^2 R^2}{2g} + h_0 - \frac{\omega^2 R^2}{4g} = \frac{\omega^2 R^2}{4g} + h_0 \tag{26-9}$$

又由 $\omega = \dfrac{2\pi}{T}$，T 为液体旋转周期，将 $\omega = \dfrac{2\pi}{T}$ 和式（26-9）代入式（26-8）有

$$\theta_2 = \theta_1 - \arctan \frac{(1 - \frac{1}{\sqrt{2}})R}{2h_0 + \frac{\pi^2 R^2}{gT^2}} \tag{26-10}$$

实验中只要测出 R，h_0，d，H 和 T，代入式（26-7）和式（26-10）算得 θ_1 和 θ_2，再根据式（26-2）即可求得液体折射率 n。

【实验内容与步骤提示】

利用气泡水平仪和平台下的 3 个可调螺丝，调节平台水平。用游标卡尺（精度为 0.02mm）测量出圆柱形容器的直径 $2R$。利用自准法调节激光笔使其发出的激光竖直照射于液面，然后保持激光笔的竖直状态，将竖直光线平移到距圆柱容器底面中心 $\dfrac{R}{\sqrt{2}}$ 处。用直尺测量液体静止时液面到容器底部的距离 h_0 及透明屏幕到容器底面的距离 H。打开电机并调节电机转速，使经圆柱形容器底面平面镜反射的光线刚好打在抛物液面与圆柱容器侧壁的交线上。待稳定后记下旋转液体特性测控箱计时器显示的容器旋转 10 周所用时间 $10T$。用直尺测量激光束入射光线和经抛物液面反射的光线与透明屏幕的交点之间的距离 d。改变透明屏幕到圆柱形容器底面的距离 H 及液面高度 h_0，重复上述过程，记录实验数据于表 26-1 中。

表 26-1　待测液体为甘油的实验测量数据　　　　$R =$ _____

h_0/cm	H/cm	$10T$/s	d/cm	θ_1/(°)	θ_2/(°)	n

【思考题】

（1）列举几种测量液体折射率的方法。

（2）采用旋转液体法测量液体折射率有何特点？

（3）分析实验测量误差的主要原因，设计对应的解决方案。

【参考文献】

［1］　包奕靓，黄吉，陆申龙．新型旋转液体实验［J］．大学物理，2003，22（2）：27-30.

［2］　袁野，晏湖根，陆申龙，等．旋转液体实验装置的设计［J］．物理实验，2004，24（2）：43-46.

［3］　贾起民，郑永令．力学（上册）［M］．上海：复旦大学出版社，1989.

白光通信实验装置设计与制作

通过声、光、电三者之间相互转换，设计和制作了光通信原理的实验装置。显示了在外调制和直接调制两种情形下，利用白光来传输信息的过程。加深学生对各种能量形式之间相互转换原理、方法和应用的理解。

【实验目的】

（1）了解在外调制和直接调制两种情形下，利用白光来传输信息的过程。

（2）加深学生对各种能量形式之间相互转换原理、方法和应用的理解。

（3）锻炼学生制作、安装、调试实验装置的能力。

【实验原理】

白光通信原理，就是把随声音变化的电信号加到白光上去，使白光的强弱随电信号的变化而变化，这一过程也称光的调制。光调制的方法有两种：直接调制和外调制，前者是把电信号直接加到光源；后者是把调制元件放在光源之外，而将电信号加到这种调制元件上。

1. 直接调制的白光通信实验

直接调制白光通信装置的方块图如图 27-1 所示。声音经话筒转换成电信号（本装置中用音乐集成块代替话筒）发送到白光光源上，对光信号进行直接调制。被调制的光信号在大气中从一处传输到另一处，再经过光电探测器解调还原成电信号，最后经音频放大器放大，驱动扬声器还原成声音，实现直接调制的白光通信。

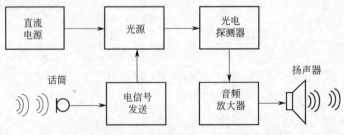

图 27-1　直接调制的白光通信装置方块图

2. 外调制的白光通信实验

外调制的白光通信装置方块图如图 27-2 所示。外调制与直接调制不同，它不是将电信号直接加在光源上，而是将含有声音信息的电信号加在调制元件上（与喇叭纸盆固定的挡光板），通过调制元件，使光束的强弱随着电信号的变化而变化，也就是使光束携带了电信号，实现了外调制。

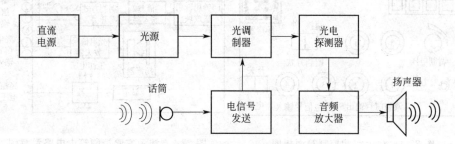

图 27-2　外调制的白光通信装置方块图

【实验装置制作安装】

实验装置所用材料主要包括扬声器、塑料圆管、强力黏合胶、门铃用音乐集成块、电阻、电容、按钮开关、三极管、信号放大集成块等常用电子元件。

图 27-3 所示为直接调制的白光通信实验装置，由（a）、（b）两部分组成，两支架上的圆筒，都是锯 10cm 长的塑料管做成的，它们相对的一端都封装上焦距 10cm 的凸透镜。（a）架上圆筒另一端封装平板中心开孔，安装 6.3V 小灯泡，距小灯右侧 2cm 处开一半圆槽孔。线路连接：灯泡一端→耳塞插头→接线叉 1；灯泡另一端→接线叉 2。实验时，耳塞插头与直流稳压电源相连，接线叉 1、2 与随声音变化的电信号（即调制信号）端相连。（b）架上圆筒另一端封装平板内侧安装硅光电池（受光面朝凸透镜方向），其探测到的光电信号经接线叉 3、4 传输到放大器后，通过扬声器发出原来的声音。

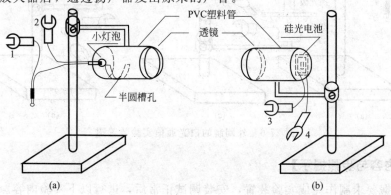

图 27-3　直接调制的白光通信实验装置图

图 27-4、图 27-5 分别是自制本实验专用控制箱面板图和内部电路示意图，就是把原先分散放置的电源、音乐块、信号放大集成块等组件，通过开关和线路构成整体，方便连接，易于操作。

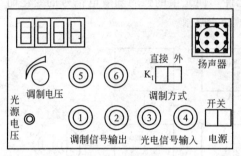
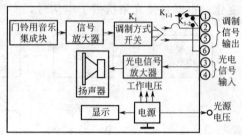

图 27-4　演示实验控制箱面板图　　　　　　图 27-5　演示实验控制箱内电路示意图

图 27-6 所示为外调制的白光通信实验装置，从图 27-6 装置图看出，外调制只是在直接调制装置基础上增加了（c）支架部分。在（c）支架上，平放高度可调的喇叭，喇叭纸盆上固定一挡光板，喇叭的引线通过 5、6 接线叉，接到实验控制箱的"调制信号输出"5、6 端。此时，实验控制箱上"调制方式"开关置"外"，通过其开关触点 K_{1-1} 和 K_{1-2} 位置的切换，使得含有声音信息的电信号仅通过 5、6 端，加到外调制器上；而 1 端与其断开的同时，1 和 2 端短接，小灯上只加恒定的直流电压。

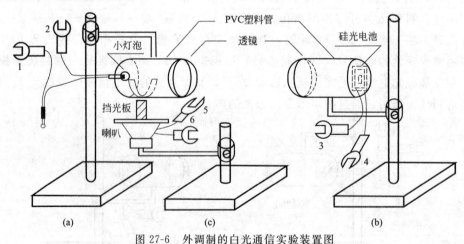

图 27-6　外调制的白光通信实验装置图

【实验内容与步骤提示】

根据要求制作完成实验装置，安装调试正常后，进行以下实验内容。

直接调制白光通信实验：调整图 27-3 中两支架相对位置和高度，使两圆筒相对，相隔一定距离，处在同一水平线上；连接好支架到实验控制箱的插头和接线叉，接通实验箱电源开关。此时，随着音乐集成块发出的音乐声的强弱，小灯泡的亮度发生闪烁现象，这闪烁的光束就是经音乐声的电信号调制后的载有声音信息的光束。这光束照射到硅光电池的受光面上，经光电池解调后，还原成音乐声波的电信号。还原成的电信号经实验箱的放大器放大后，驱动内置扬声器发出悦耳的音乐声。这就实现直接调制的白光通信。若用手遮挡住照射到硅光电池上的光束，音乐声随即消失。

外调制白光通信实验，调整图 27-6(a)、(b)两支架等高同轴，相距 20cm 左右。放上（c）支架部分，并调整高度，使得挡光板在半圆槽孔中，板的上部边缘刚好位于从小灯泡发出的发散光束圆形横截面的中心处。若挡光板过高，使得来自小灯的光线全部被挡住，光强无变化，实验控制箱上扬声器不发声；若过低，光线不被挡住，照射到硅光电池受光面上无光强变化，无法调制，扬声器同样不能发声。调"调制电压"旋钮，使得扬声器的声音无畸变，这样就实现了外调制的白光通信演示。

【思考题】

（1）分析和讨论本实验装置的技术特点。

（2）加工、安装、调试本实验装置，应当注意些什么？

（3）调制方式开关与外电路是如何连接的？

（4）直接调制和外调制是如何实现的？各自的特点是什么？通常都采用什么调制方式？

【参考文献】

［1］ 王秉超．普通物理演示实验新编［M］．北京：高等教育出版社，1988．

［2］ 赵国南等．大学物理实验［M］．北京：北京邮电大学出版社，1996．

［3］ 金伟．室内可见光通信系统信道研究［J］．南京邮电大学，2011．

［4］ 孙兆伟等．国内外空间光通信技术发展及趋势研究［J］．光通信技术，2009（07）．

［5］ 唐军．简析光通信技术的发展历程［J］．信息与电脑，2010（12）．

热辐射实验装置制作及热辐射规律探究

因热引起的电磁波辐射称为热辐射，一切温度高于热力学温度零度的物体都能产生热辐射，温度越高，辐射出的总能量就越大，短波成分也越多。热辐射的光谱是连续谱，一般的热辐射主要靠波长较长的可见光和红外线传播。由于电磁波的传播无需任何介质，所以热辐射是在真空中唯一的传热方式。物体在向外辐射的同时，还吸收从其他物体辐射来的能量。物体辐射或吸收的能量与它的温度、表面积、黑度等因素有关。黑体是一种特殊的辐射体，它对所有波长电磁辐射的吸收比恒为 1。黑体在自然条件下并不存在，它只是一种理想化模型，但可用人工制作接近于黑体的模拟物。

本实验通过热辐射实验装置的制作，演示方盒温度和辐射表面颜色、粗糙度等对热辐射出射度的影响，探究低温热辐射的斯特藩-玻尔兹曼定律和辐射出射度与距离的平方反比关系。

【实验目的】

（1）直观地演示辐射出射度与温度和辐射表面颜色、粗糙度的关系。

（2）探究低温热辐射的斯蒂藩-玻耳兹曼定律和辐射出射度与距离的平方反比关系。

（3）可演示温室暖房原理。

【实验装置】

热辐射实验装置由辐射方盒、红外传感器、导轨、加热电源、数字电压表和指针式电压表等组成，如图 28-1 所示。辐射方盒的 4 个辐射面是厚度为 2mm 的铝板，对黑面、白面和粗糙面的外表面分别进行氧化发黑、烤白漆和喷砂处理，构建不同的表面颜色和粗糙度（黑面、白面、光亮面和粗糙面），旋转柄位于顶部上方可以转动辐射面，方盒的中心是功率为 100W 的白炽灯，通过调节加热功率，辐射方盒中的温度可从室温到约 110℃。其内部有温度传感器测量温度，红外传感器可以在光学导轨上移动，采用数字电压表或者指针式电压表记录或者观察传感器输出电压幅度。

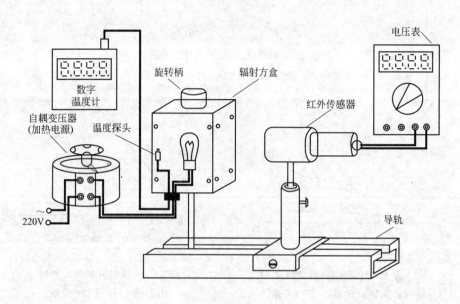

图 28-1　实验装置示意图

【实验内容与步骤提示】

　　根据实验要求制作辐射方盒，选择温度探头和红外传感器，正确连接线路，安装调试实验装置，进行下列实验内容：

　　1. 辐射出射度与温度及辐射表面颜色和粗糙度的关系

　　一切物体只要其温度 $T>0K$，都会不断地发射热辐射。当温度较低时，主要以不可见的红外光进行辐射，当温度为 300℃时热辐射中最强的波长在红外区。当物体的温度在 $500\sim800$℃时，热辐射中最强的波长成分在可见光区。固定红外传感器与辐射方盒的距离（下面数据距离为 120mm），通过调节加热功率控制辐射方盒的温度，分别观测方盒 4 个不同表面的相对辐射出射度 M 与温度 T 的关系。理论上 4 个不同表面的相对辐射出射度 M 与温度 T 的关系如图 28-2所示。表明对于同一温度，黑面红外辐射最强，白面次之，粗糙面辐射出射度明显降低，而光亮面的热辐射很小、接近本底信号，即 M 黑面＞M 白面＞M 粗糙面＞M 光亮面。另外针对方盒黑面作辐射出射度与温度 4 次方关系图，可以得到如图 28-3 所示的曲线，黑面作辐射出射度 M 与温度 T^4 满足正比关系，说明低温热辐射满足斯特藩-玻尔兹曼定律。

　　完成 M-T 关系曲线和 M-T^4 关系曲线的测量，数据记录填入表 28-1 中。并作方盒 4 个表面辐射出射度 M 与辐射表面状况和温度 T 的关系曲线，以及辐射方盒黑面辐射出射度 M 与 T^4 关系曲线。

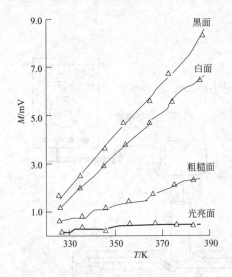

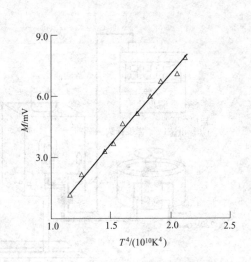

图 28-2 方盒 4 个表面辐射出射度 M
与辐射表面状况和温度 T 的关系

图 28-3 辐射方盒黑面辐射
出射度 M 与 T^4 的关系

表 28-1 实验数据

温度 T/K	285	290	⋯⋯	340	350	360	370	380
辐射出射度 M/mV（黑面）			⋯⋯					
辐射出射度 M/mV（白面）			⋯⋯					
辐射出射度 M/mV（粗糙面）			⋯⋯					
辐射出射度 M/mV（光亮面）			⋯⋯					
T^4			⋯⋯					

设 Q 为辐射到物体上的能量，Q_α 为物体吸收的能量，Q_τ 为透过物体的能量，Q_ρ 为被反射的能量，根据能量守恒定律

$$\frac{Q_\alpha}{Q}+\frac{Q_\tau}{Q}+\frac{Q_\rho}{Q}=\alpha+\tau+\rho=1$$

式中，α 为吸收率；τ 为透过率；ρ 为反射率。由辐射出射度 M 与吸收率 α 的关系 $M=\alpha M_B$（其中，M_B 为绝对黑体的辐射出射度），本实验中辐射方盒采用铝材料制成的，所以透过率 τ 为 0，因此有

$$\rho=1-\frac{M}{M_B}$$

对于黑色面，$M\approx M_B$，所以 $\rho=0$；根据

$$\rho=1-\frac{1}{N}\sum_{i=1}^{N}\frac{M_i}{M_{Bi}}$$

得到辐射方盒黑面、白面、粗糙面和光亮面 4 个面的反射率。

2. 辐射出射度与距离的关系

调节自耦变压器的电压，提高加热功率，温度稳定后，显示温度 389K 左右，环境温度 299K 左右，在有刻度光学导轨上移动探测器，观测辐射出射度与距离关系。理论上辐射出射度与距离平方反比关系，如图 28-4 所示。其中距离表示以灯泡中心作为起点与探测器之间的长度，图 28-4 表明当距离大于 100mm 时辐射出射度 M 与距离平方倒数 $\dfrac{1}{X^2}$ 的关系是线性的，当红外探测器离辐射面比较近即小于 100mm 左右时，辐射出射度偏离线性规律，这是由于距离较近时不能作为点源考虑。

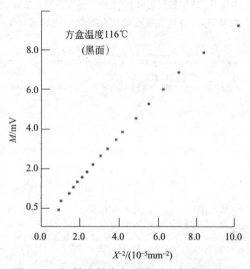

图 28-4　辐射出射度与距离平方倒数的关系

表 28-2　实验数据

方盒温度 _____ ℃ （黑面）

距离 X/mm								
M/mV								
$X^{-2}/(10^{-5}\text{mm}^{-2})$								

完成辐射出射度与距离之间对应数据的测量，填入表 28-2 中。作出辐射出射度与距离平方倒数的关系曲线。

3. 温室暖房探究

在辐射方盒与红外探测器之间插入 1 块玻璃，辐射出射度降至接近本底。玻璃具有透过太阳可见光的"短波太阳辐射"而不透过"长波红外热辐射"的特殊性质。一旦太阳能能够通过玻璃，被房子内的植物、土壤等吸收，而再次发出的热辐射，就不会通过玻璃，而被限制在房间内部，并加以利用。实验中在传感器前插入一块普通玻璃，再次观测辐射方盒四面辐射出射度，理论上你会发现红外辐射基本上不能透过，太阳可见光可以穿透玻璃，演示温室暖房原理。

【思考题】

（1）试说明热辐射的概念以及它所具有的特性。

（2）影响辐射出射度的因素有哪些？

（3）加工4块不同辐射面的具体要求和制作方法是什么？

【参考文献】

[1] 秦允豪. 热学 [M]. 第 3 版. 北京：高等教育出版社，2011.

[2] 黄淑清，聂宜如，申先甲. 热学教程 [M]. 北京：高等教育出版社，2011.

[3] 张开骁，李成翠，朱卫华.《热学》课程论文在教学中的形式与作用 [J]. 中国校外教育（下旬），2013，（9）：116.

[4] 章登宏，钟菊花，房毅等. 温度传感器在热学实验中的应用 [J]. 实验室研究与探索，2013，32（7）：149-152.

实验二十九

风力发电实验

风能是一种清洁的可再生能源，蕴量巨大。全球的风能约为 $2.7 \times 10^{12}\,\text{kW}$，其中可利用的风能为 $2.0 \times 10^{10}\,\text{kW}$，比地球上可开发利用的水能总量要大 10 倍。随着全球经济的发展，对能源的需求日益增加，对环境的保护更加重视，风力发电越来越受到世界各国的青睐。与其他能源相比，风力和风向随时都在变动中。为适应这种变动，最大限度地利用风能，近年来在风叶翼型设计、风力发电机的选型研制、风力发电机组的控制方式、并网发电的安全性等方面，都进行了大量的研究，取得重大进展，为风力发电的飞速发展奠定了基础。

【实验目的】

（1）探究风速、风机转速、发电机输出电动势之间关系。

（2）测量风机的风能利用系数。

（3）在模拟条件下展示了风力发电涉及的工程技术问题。

【实验原理】

风能与风能的利用

设风速为 v，空气密度为 ρ，单位时间通过垂直于气流方向，面积为 S 的截面的气动能为

$$p = \frac{1}{2}\Delta m v^2 = \frac{1}{2}\rho S v^3$$

空气的动能与风速的立方成正比。

风力机的实际风能利用系数（功率系数）C_p 定义为风力机实际输出功率与流过风轮截面 S 的风能之比。理论最大值为 0.593。C_p 随风力机的叶片型式及工作状态而变。在风力发电中的另一个重要概念：叶尖速比 λ。定义为风轮叶片尖端线速度与风速之比，即

$$\lambda = \frac{\omega R}{v}$$

式中，ω 为风轮角速度；R 为风轮最大旋转半径（叶尖半径）。

理论分析与实验表明，叶尖速比 λ 是风机的重要参量，其取值将直接影

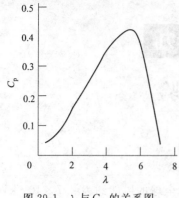

图 29-1　λ 与 C_p 的关系图

响风机的功率系数 C_p。图 29-1 表示某风轮叶尖速比与功率系数 C_p 的关系，由图可见在一定的叶尖速比下，风轮获得最高的风能利用率。对于同一风轮，在额定风速内的任何风速，叶尖速比与功率系数的关系都是一致的。也就是说，当风速变化时，风机转速也应相应变化，才能最大限度地利用风能。不同翼型或叶片数的风轮，C_p 曲线的形状不同，C_p 最大值与最大值对应的 λ 值也不同。

【实验装置】

风力发电实验装置如图 29-2 所示。

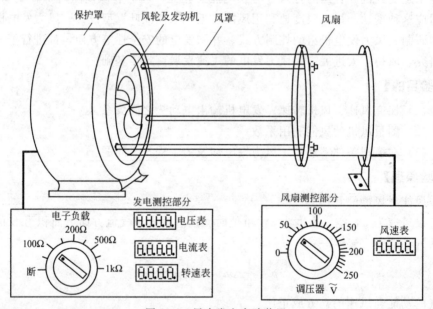

图 29-2　风力发电实验装置

风轮直接固定在发电机轴上，由紧固螺帽锁紧。风扇由调压器供电。改变调压器输出电压，可以改变风扇转速，改变风速。为减小其他气流对实验的影响，风扇与风轮之间用有机玻璃风罩连接。风扇内装有风速传感器，发电机端装有转速传感器，由转速表、风速表分别显示转速与风速。发电机输出的三相交流电经整流滤波成直流电后输出到电子负载，电压、电流表测量负载两端的电压与流经负载的电流，电流电压的乘积即为发电机输出功率。风机叶片翼型对风力机的风能利用效率影响很大，叶片翼型可分为平板型、风帆型和扭曲型。平板型和风帆型易于制造，但效率不高。扭曲型叶片制造困难，效率高。实验装置配扭曲型可变桨距 3 叶螺旋桨、风帆型 3 叶螺旋桨及平板型 4 叶螺旋桨 3 种螺旋桨，供对比研究。

本实验装置采用手动调节桨距。扭曲型可变桨距 3 叶螺旋桨上有角度刻线，松开风叶紧固螺钉，风叶可以绕轴旋转，改变桨距角。风叶离指示圆点最近的刻度线对准风叶座上的刻度线时，风叶位于最佳桨距角。以后每转动 1 个刻度线，桨距角改变 3°。

【实验内容与步骤提示】

根据要求制作完成实验装置，安装调试正常后，进行以下实验内容。

1. 风速、发电机空载转速、发电机感应电动势之间关系测量

断开负载，测量在不同风速下的空载转速与发电机的输出电动势，记录数据到表 29-1 和表 29-2 中，并作图（图 29-3、图 29-4）分析，总结实验曲线呈现的特性。

表 29-1　发电机空载转速 ω 与风速 v 的关系数据表

风速 $v/(\mathrm{m \cdot s^{-1}})$	5.0	6.0	7.0	8.0	9.0
转速 $\omega/(\mathrm{r \cdot s^{-1}})$					

表 29-2　发电机输出电动势 ε_r 与转速 ω 的关系数据表

转速 $\omega/(\mathrm{r \cdot s^{-1}})$	35	45	55	65	75
电动势 ε_r/V					

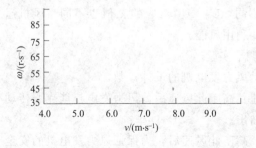 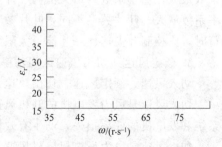

图 29-3　发电机空载转速 ω 与风速 v 的关系　　图 29-4　发电机输出电动势 ε_r 与转速 ω 的关系

2. 测量 3 种不同翼型叶片，风轮叶尖速比 λ 与功率系数 C_p 关系

风速保持不变。连接负载，调节负载大小，负载越大（负载电阻越小），风机转速越慢。记录在不同转速时输出的电压和电流，计算发电机输出功率、叶尖速比、功率系数。记录数据到表 29-3 中，并作图分析，总结实验曲线呈现的特性。

表 29-3   风轮叶尖速比 λ 与功率系数 C_p 关系数据表

风速 $v=$ _____ m·s^{-1} 风轮半径 $R=$ _____ m   风轮截面 $S=$ _____ m^2

电子负载/Ω							
转速 $\omega/(\text{r·s}^{-1})$							
叶尖速比 λ							
电压 V/V							
电流 I/A							
发电机输出功率/W							
功率系数 C_p							

参照表 29-3，分别对扭曲型 3 叶片风轮功率系数、风帆型 3 叶片风轮功率系数和平板型 4 叶片风轮功率系数进行测量，记录并作图（图 29-5）分析。

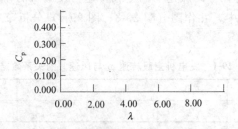

图 29-5   风轮叶尖速比 λ 与功率系数 C_p 关系

【实验提示】

无论哪一种风轮，输出功率都随叶尖速比而改变，在最佳叶尖速比时，功率系数最大。功率系数的最大值与叶片翼型密切相关，上述 3 种风轮中，扭曲型功率系数最大。叶片翼型不同，叶片数不同，C_p 峰值对应的 λ 值也不同。风机运行时，应控制叶尖速比，才能最大限度利用风能。

3. 额定风速到切出风速区间功率调节实验

切入风速、额定风速、切出风速是风力发电机的设计参数。

切入风速是风力发电机的开机风速。高于此风速后，风力发电机能克服传动系统和发电机的效率损失，产生有效输出。

切出风速是风力发电机停机风速。高于此风速后，为保证风力发电机的安全而停机。

额定风速与额定功率对应，在此风速下，风力发电机已达到最大输出功率。额定风速对风力发电机的平均输出功率有决定性的作用。

风速在切入风速与额定风速之间改变时，调节发电机负载，控制风力发电机风轮转速，使风力发电机工作在最佳叶尖速比状态，最大限度地利用风能。风速在额定风速与切出风速之间时，要使输出功率保持在额定功率，使电器部分不因输出过载而损坏。目前风力发电机大都采用变桨距调节达到此目的。

风速在额定风速时，输出功率达到额定功率。当风速超过额定风速后，若负载维持不变，采用变桨距调节使风速变化时转速不变，就可使输出功率维持在额定功率。在风力发电系统中，检测输出功率和转速，连续调节桨距角就可以使风力变化时输出功率维持不变。在本实验中，为增加感性认识，要求采用手动调节，从原理上验证以上过程。实验时，记录额定风速时的转速及输出电压、电流、功率。停机后取下风轮，将3个叶片的桨距角调大3°。开机并调节风速，风速变化时保持负载不变，可以观测到桨距角改变后，在更大的风力下转速才能达到额定风速下的转速，记录此时风速、转速及输出电压、电流、功率。逐次调节桨距角，重复以上实验。记录数据于表29-4中，作图（图29-6）并总结实验曲线呈现的特性。

表 29-4　变桨距风力发电机功率与风速关系数据表

额定风速 $v_e =$ _____ m·s^{-1}　　负载电阻 = _____ Ω

桨距角						
风速 $v/(\text{m·s}^{-1})$						
转速 $\omega/(\text{r·s}^{-1})$						
电压 V/V						
电流 I/A						
发电机输出功率 P/W						

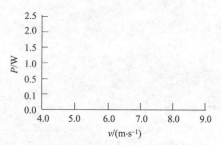

图 29-6　变桨距风力发电机输出功率与风速关系

采用变桨距调节，在风速超过额定风速后能使输出功率保持不变，是控制功率的有效方式。也就是在不同风速下调节桨距角，可使输出功率维持在额定功率。

【思考题】

（1）说说当前风力发电的现状和风力发电系统的基本构成。

（2）风力发电机输出电动势与哪些因素有关？如何提高风能的利用系数？

（3）表征风力发电机的基本特性参数有哪些？

【参考文献】

[1] 姚兴佳，宋俊. 风力发电机组原理与应用［M］. 北京：机械工业出版社，2011.

[2] 芮晓明，柳亦兵，马志勇. 风力发电机组设计［M］. 北京：机械工业出版社，2010.

[3] 叶航冶. 风力发电系统的设计、运行与维护［M］. 北京：电子工业出版社，2010.

[4] 任清晨. 风力发电机组工作原理和技术基础［M］. 北京：机械工业出版社，2010.

[5] 何显富. 风力机设计、制造与运行［M］. 北京：化学工业出版社，2009.

[6] 张鹏飞，张子亮，张鹏等. 小型风光互补发电演示装置［J］. 物理实验，2012，32（1）：21-24.

实验三十

液体表面张力系数实验装置设计与制作

拉脱法是测量液体表面张力系数的常用方法之一，由于液体表面张力很小，传统的测量仪器有：扭秤、焦利氏弹簧秤等；现有国内生产的液体表面张力系数测量仪较多采用硅压阻式力敏传感器进行测量。但这些仪器，液面下降都采用手控旋转，平稳度不够，不匀和微弱抖动在测量中不可避免，容易带来实验误差，为此要求学生重新设计液面下降部分，就地取材，自己动手制作液体表面张力系数实验装置，提高实验测量的准确度和重复性。

【实验目的】

（1）介绍一种测定液体表面张力的自制简易装置。

（2）加深学生对在液面拉伸测量过程中不可避免的不匀和微弱抖动引起误差的分析，尝试解决的方法。

（3）加深学生对不同物质、不同浓度液体的表面张力系数物理概念和知识点的建立和理解。

（4）锻炼学生制作、安装、调试实验装置的能力。

【实验装置制作和安装提示】

材料：压阻式力敏传感器、有机玻璃板（白色）、三氯化甲烷（氯仿）、粘黏剂、注射器、打点滴用输液管、开关导线、电阻电容、集成放大器、数显表头、电源变压器等电子元件。

自制的液体表面张力系数测试仪如图 30-1 所示。其中，有机玻璃体容器，通过裁制有机玻璃板，涂抹氯仿粘接而成。容器均匀分割成三部分，其尺寸大小应根据选用注射器的容量定制，原则是：注射器抽满一管液体，容器中液面的降低，足以使圆筒形吊环完成拉脱法测量的全过程，即吊环拉伸中液膜足够长，趋近临界位置才破裂，本装置选用 200ml 一次性塑料注射器。三部分容器下端钻孔，孔中插入打点滴用输液管，再用粘黏剂密封孔的四周。输液管沿容器边缘，用有机玻璃卡件固定在容器的上端。输液管的另一端与注射器相连接。

图 30-2、图 30-3 是自制本实验专用控制箱面板图和内部电路框图，就是把

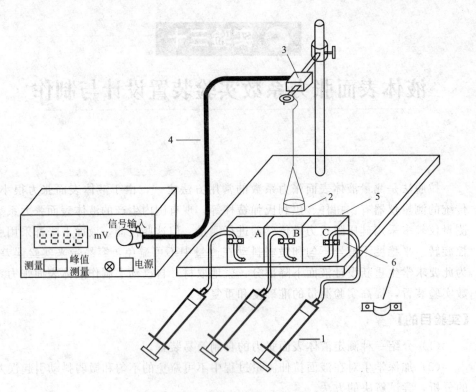

图 30-1　液体表面张力系数测试仪示意图

1—注射器；2—圆筒形吊环；3—压阻式力敏传感器；

4—信号传输线；5—有机玻璃体容器；6—有机玻璃卡件

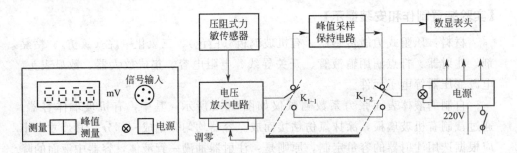

图 30-2　实验装置控制箱面板图　　　　图 30-3　控制箱内部电路框图

原先分散放置的电源、信号放大集成块、数显表头等组件，通过开关和线路构成整体，方便连接，构成具有最大值测量功能的数字电压表，易于操作。

在测量中，圆筒形吊环通过丝线悬挂在力敏传感器前端弹簧片上，作用在吊环周边上的液体表面张力，随着被拉升液膜状态的改变而发生变化，而这种受力的变化使弹簧片发生相应的形变，"固定"在弹簧片上的压阻式力敏元件阻值大小随之改变，由这种力敏元件构成的桥路就输出不平衡电压，此电压大小反映了吊环的受力变化量。它让我们感知了吊环拉膜过程中受力的变化，并传递输送了出来，实现了非电量到电量的转换，方便了测量。力敏传感器输出的信号电压，通过放大电路处理，经 K_1 开关的切换，送到数显表头。K_1 置"测量"位，用于力敏传感器定标；K_1 置"峰值测量"位，用于采集和保持"拉膜"过程中力敏传感器输出信号电压的最大值。

【实验内容与步骤提示】

根据要求制作完成实验装置，安装调试正常后，进行以下实验内容。

(1) 分别在 A、B、C 三个容器中倒入待测液体（笔者实验中：A—纯净水；B—10％的氯化钠；C—无水乙醇）。推拉注射器活塞，排尽注射器中气体，最终注射器推至尽头，待用。

(2) 驳接力敏传感器到测试仪之间信号线，砝码盘悬挂力敏传感器前端。开启电源，K_1 置"测量"位。预热 5min，调节测试仪后面的调零旋钮，使初读数为零。然后每加一个砝码（500mg），读取一个对应数据（mV），应用逐差法来求力敏传感器的转换系数 K（N/mV）。

(3) 测定筒形吊环的内外直径，清洗后悬挂力敏传感器前端，仔细调节吊环的悬挂线，使吊环水平，然后把吊环部分浸入液体中，K_1 置"峰值测量"位，这时缓慢抽拉注射器，液面非常平稳地下降（相对而言即吊环往上提拉），观察环浸入液体中及从液体中拉起时的物理过程和现象。当吊环拉断液柱的一瞬间数显表头显示拉力峰值 V_1 并自动保持该数据。拉断后，再将 K_1 置"测量"位，数显表头恢复随机测量功能，静止后其读数值为 V_2，记下这个数值。连续做 5 次，求平均值。那么表面张力

$$2f = (\bar{V}_1 - \bar{V}_2) \times \bar{K}$$

表面张力系数

$$\alpha = \frac{2f}{L} = \frac{(\bar{V}_1 - \bar{V}_2) \times \bar{K}}{\pi \times (D_内 + D_外)}$$

(4) 对力敏传感器定标所得数据填入表 30-1 中；拉脱法测纯净水的数据填入表 30-2 中。用卡尺测吊环的内、外直径 $D_内$ 和 $D_外$。

表 30-1　力敏传感器定标数据

砝码质量 m/mg	500.00	1000.00	1500.00	2000.00	2500.00	3000.00	3500.00
输出电压 V/mV							

表 30-2　拉脱法测纯净水数据　　　　　　　室温 $T=$____℃

测量次数	拉脱时最大读数 V_1/mV	吊环读数 V_2/mV	表面张力对应读数 $V=V_1-V_2/mV$
1			
2			
3			
4			
5			

转换系数 $K=$ _____ （N/mV）

$D_内=$____mm　　　$D_外=$_____mm

$$\alpha=\frac{2f}{L}=\frac{(\bar{V}_1-\bar{V}_2)\times\bar{K}}{\pi\times(D_内+D_外)}=$$ _____ N/m

实验结果与同温度下纯净水表面张力系数的公认值相比较，确定误差。同样的方法测出 10％的氯化钠和无水乙醇的表面张力系数。

【思考题】

（1）同样是拉脱法测液体表面张力系数，本实验装置较以往的仪器有何优点？原因是什么？

（2）实验中用来测量的力敏传感器选用类型的依据是什么？

（3）为什么与容器下端小孔相接的输液管，要采用卡件固定在容器的上端后，再与注射器相连接？

【参考文献】

[1]　焦丽凤，陆申龙. 用力敏传感器测量液体表面张力系数 [J]. 物理实验，2002，22(7).

[2]　胡亚范，姚爱巧. 用力敏传感器测量液体表面张力系数 [J]. 物理与工程，2005，15(6).

[3]　葛松华等. 大学物理基础实验 [M]. 北京：化学工业出版社，2008.

[4]　复旦天欣科教仪器有限公司. 液体表面张力测定仪说明书 [Z]. 2003.

[5]　香茹. 用敏传感器测液体表面张力系数的实验研究 [J]. 科技创新导报，2009(5)：4.

[6]　代伟. 对 FD－NST－I 型液体表面张力系数测量仪的改进 [J]. 物理实验，2011，31(10).

[7]　夏思泗，刘东红，孙建刚等. 用力敏传感器测液体表面张力系数的误差分析 [J]. 物理实验，2003，23(7).

[8]　张连芳，傅敏学，柯伟平. 液体表面张力的动态测量过程研究 [J]. 物理与工程，2010，20(1).